Spring Boot
从入门到实战

解承凯◎编著

Spring Boot

机械工业出版社
China Machine Press

图书在版编目（CIP）数据

Spring Boot从入门到实战 / 解承凯编著. —北京：机械工业出版社，2021.7

ISBN 978-7-111-68655-2

Ⅰ . ①S… Ⅱ . ①解… Ⅲ . ①JAVA语言 – 程序设计 Ⅳ . ①TP312.8

中国版本图书馆CIP数据核字（2021）第136633号

Spring Boot 从入门到实战

出版发行：机械工业出版社（北京市西城区百万庄大街 22 号　邮政编码：100037）

责任编辑：刘立卿　　　　　　　　　　　　　　责任校对：姚志娟

印　　刷：中国电影出版社印刷厂　　　　　　　版　　次：2021 年 7 月第 1 版第 1 次印刷

开　　本：186mm×240mm　1/16　　　　　　　印　　张：13.75

书　　号：ISBN 978-7-111-68655-2　　　　　　定　　价：69.80 元

客服电话：（010）88361066　88379833　68326294　　投稿热线：（010）88379604

华章网站：www.hzbook.com　　　　　　　　　　读者信箱：hzit@hzbook.com

Spring 是一款优秀的 Java 开发框架。随着技术的发展，该框架越来越强大，可以集成各种第三方插件，极大地方便了企业级应用开发。Spring 是一款开源框架，其社区可以持续贡献代码，并可为各大互联网公司提供基础服务。Spring 框架非常灵活，随着发展又先后演化出 Spring Boot 和 Spring Cloud 等优秀框架。Spring Boot 通过注解方式完成自动配置，可以开箱即用，大大精简了代码，让开发者更加关注于业务开发。同时，Spring Boot 集成了大量的第三方工具包，提供了 Template 类，抽象了通用的方法，并提供了内嵌容器，还提供了 Spring Boot Actuator 以对应用进行监控及健康检查。总而言之，Spring Boot 的诞生极大地降低了开发难度和开发者的工作量。

目前，市场上 Spring Boot 开发类书籍还不多，容易入门和实用性强的更少，因此笔者编写了本书，希望能给 Spring Boot 入门者提供一些学习上的帮助。本书首先介绍 Spring Boot 的特性和基本原理，然后重点介绍 Spring Boot 与其他微服务开发组件的集成使用，最后介绍实际项目案例的开发，以提高读者的实际开发水平。

本书特色

- 本书内容由浅入深，覆盖 Spring Boot 框架的基本原理和核心技术，对于初学者来说，比较容易入门。
- 本书配合相关的代码示例进行知识点讲解，可以让读者更加直观地了解相关技术。
- 本书详细介绍 Spring Boot 整合第三方开源组件的相关知识，并配合实战案例详细介绍微服务开发的原理，实用性非常强，对提高读者的开发水平有很大的帮助。

本书内容

第 1 章介绍 Spring 框架的发展历史和基础特性，以及 IoC 与 AOP 的实现原理。

第 2 章介绍 Spring MVC 框架处理请求的流程及核心 DispatcherServlet，并通过示例展示 Spring MVC 处理请求的核心注解与配置。

第 3 章介绍 Spring Boot 的特性及运行原理，并通过多个示例展现 Spring Boot 配置使用上的便利性。

第 4 章介绍 Spring Boot 如何通过配置文件集成 MySQL、Redis、MongoDB 及 Couchbase 等多种类型的数据库。

第 5 章介绍配置中心与服务发现组件的相关知识，其中重点介绍 XXL-CONF、Apollo 及 Nacos 组件的使用。

第 6 章介绍服务限流与降级组件的相关知识，包括流行的 Hystrix 和 Sentinel 组件，其中重点介绍 Sentinel 的搭建与配置。

第 7 章介绍全链路追踪系统的相关知识，包括 Zipkin、Pinpoint 及 Skywalking 等全链路追踪系统的原理及其与 Spring Boot 的集成使用。

第 8 章介绍微服务监控管理的相关知识，包括 Spring Boot Actuator、Micrometer、Prometheus 和 Grafana 工具的使用。

第 9 章介绍 API 网关的相关知识，并重点介绍 Spring Cloud 网关提供的相关断言配置。

第 10 章介绍 Spring Boot 测试与部署的相关知识。

第 11 章通过一个实际项目，全面展示 Spring Boot 微服务开发的全过程。

第 12 章介绍 Spring 5 提供的 Spring WebFlux 框架，并对第 11 章的微服务进行重构，展示 Spring WebFlux 的开发流程。

读者对象

- Spring Boot 入门人员；
- Spring Boot 开发人员；
- Spring Cloud 微服务开发人员；
- Spring 框架开发人员；
- Spring Boot 框架爱好者；
- Java 应用开发人员；
- 高校学习 Java 开发的学生；
- Java 培训班的学员。

配书资源获取方式

本书涉及的所有源代码需要读者自行下载。请在华章公司的网站（www.hzbook.com）上搜索到本书，然后单击"资料下载"按钮，即可在本书页面上找到下载链接。

售后支持

阅读本书时读者若有疑问,可以发电子邮件到 hzbook2017@163.com 获得帮助。另外,书中若有疏漏和不当之处,也请读者及时反馈,以便于后期修订。

|目录|

第 1 章　Spring 框架基础

回顾笔者这几年的 Java Web 开发经历，最初使用 Servlet 与 JSP 技术进行开发，后来使用 SSH 架构进行开发，再后来使用 Spring MVC 架构进行开发，如今使用流行的 Spring Boot 架构进行开发。在 Java Web 开发领域，Spring 的发展速度大大超出预期，已经成为每个 Java 编程人员必须掌握的框架。Spring 框架以其灵活、简易、快速等特性迅速抢占了 Java 企业级开发的市场，成为世界上最流行的企业级开发架构。本章作为全书的开篇，将介绍 Spring 框架的发展历史，以及 Spring 框架最核心的内容——控制反转（Inversion of Control，IoC）与面向切面编程（Aspect Oriented Programming，AOP）原理，并给出代码示例。

1.1　Spring 简介

Spring 发展到今天，已经不仅仅指 Spring Framework，而且还代表 Spring 的整个家族。Spring 可以为 Java 企业级开发提供强有力的支持，其庞大而活跃的社区及持续开源的代码贡献，为各大公司的应用服务提供了基础支撑。

1.1.1　Spring 的发展历史

世界上有两种天才，一种是专注于本专业并做出突出贡献的人，另一种是不但在本专业中有所建树，而且在专业之外还有非常高的造诣。例如，爱因斯坦属于前者，而达·芬奇则属于后者。在 Java 领域也有这么一位天才，他就是悉尼大学的音乐学博士，而且他还是 Spring Framework 的创始人，他的名字叫 Rod Johnson。

2002 年 Rod Johnson 编写了 *Expert one-on-one J2EE Development without EJB* 一书，书中批评了 J2EE 架构的臃肿和低效，甚至提出，绝大多数的 J2EE 工程根本不需要 EJB。这在当时引起了轩然大波。为了支持自己的理论，他编写了超过 30 000 行的基础结构代码，代码中的根包命名为 com.interface21，当时人们称这套开源框架为 interface21，这就是 Spring 框架的前身。从官网的描述中可以看到，Spring 并不是 J2EE 的竞争对手，而是 J2EE 规范的补充及基于规范的实现。

Spring 的版本发布历史如下：

- 2004 年 3 月，Spring 1.0 发布，支持以 XML 文件的方式配置 Bean。
- 2006 年 10 月，Spring 2.0 发布，支持 JDK 5，采用注解方式注入 Bean。
- 2007 年 11 月，更名为 SpringSource，同时发布了 Spring 2.5，支持 JDK 6。
- 2009 年 12 月，Spring 3.0 发布，开始推荐 Java 的配置方式。
- 2013 年 12 月，Spring 4.0 发布，支持 JDK 8，全面支持 Java 的配置方式。
- 2014 年 4 月，Spring Boot 1.0.0 发布。
- 2017 年 9 月，Spring 5.0 发布，支持 JDK 9，新增 Spring WebFlux 特性。

在本书的编写过程中，Spring 5.3.x 通用版已经发布，Spring Boot 也发布了 2.5.0 通用版。

1.1.2　Spring 的特性

Spring 之所以流行并受到广大 Java 编程人员的追捧，究其原因是 Spring 具有以下 5 个关键特性。

1．灵活

Spring 框架具有灵活、可扩展及集成第三方包的特点，可以方便开发者构建各种应用。它以控制反转（IoC）和依赖注入（DI）为核心提供基础功能。无论是创建一个安全、响应式及基于云平台的微服务，还是创建一个复杂的数据流应用，Spring 都有相应的框架。

2．多产品化

Spring 家族有多个产品：Spring MVC、Spring Boot、Spring Cloud 等。Spring MVC 提供了 Java Web 的开发架构。Spring Boot 改变了编程方式，结合应用的上下文和自动化配置，可以将其嵌入微服务开发中，还可以结合 Spring Cloud 组件，进行云服务开发。

3．快速

Spring 框架可以快速启动，快速关闭，快速执行。Spring 5 可以执行异步非阻塞应用，让程序更高效。Spring Boot 可以让开发者更容易搭建一个 Java Web 工程。启动一个 Spring 工程的时间可以达到秒级。

4．安全

Spring 代码贡献者与专业的安全人员会对 Spring 框架进行测试并修补报告的漏洞，第三方依赖包也会被监控并定期更新，以帮助开发者安全地保存数据。此外，Spring Security 框架使开发者更容易集成标准的安全方案，并为开发者提供默认的安全解决方案。

5．可支持的社区

Spring 拥有庞大的、全球化的、积极的开源社区，无论开发者有什么问题，都可以在社区中获得支持。此外，Spring 还提供了各种形式的文档和视频等资料供开发者参考。

1.1.3　Spring 的体系结构

Spring 是为了解决企业级应用程序开发而创建的。随着 Spring 的发展，Spring 家族出现了多个产品线，包括 Spring Framework、Spring Boot、Spring Cloud、Spring Data、Spring Integration、Spring Batch、Spring Security 和 Spring Cloud Data Flow 等。本节主要介绍 Spring Framework。

如图 1.1 所示，Spring Framework 是一个分层框架，由多个模块组成，Spring 的这些模块主要包括核心容器模块、数据访问和集成模块、Web 模块、AOP（面向切面编程）模块、植入（Instrument）模块、消息传输（Messaging）模块和测试模块等，这些模块都构建在核心容器模块之上。

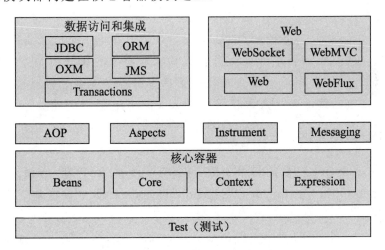

图 1.1　Spring Framework 分层架构图

1．核心容器

核心容器（Core Container）模块提供了 Spring 框架的基本功能，分为 Core（即 spring-core）、Beans（即 spring-beans）、Context（即 spring-context）和 Expression（即 spring-expression）4 个子模块。Core 和 Beans 是整个 Spring 框架的基础模块，也是 Spring 的控制反转与依赖注入的基本实现模块，Spring 的其他模块依赖 Core 和 Beans 这两个模块。

- spring-core：其他模块的核心，包含 Spring 框架的核心工具类，Spring 的其他模块都要使用该包里的类。
- spring-beans：核心模块，定义对 Bean 的支持，负责访问配置文件，以及创建和管理 Bean，支持依赖注入和控制反转的相关操作。该模块有几个核心接口：BeanFactory 接口、BeanDefinition 接口和 BeanPostProcessor 接口。BeanFactory 接口是工厂模式的具体实现，开发者无须自己编程去实现单例模式，它允许开发者把依赖关系的配置和描述从程序逻辑中解耦；BeanDefinition 接口是对 Bean 的描述；BeanPostProcessor 接口可以动态修改 Bean 的属性。
- spring-context：上下文模块，是 Spring 运行时容器，提供对 Spring 的上下文支持，并提供一个框架式的对象访问方式，类似于一个 JNDI 注册表。Application-Context 接口是该模块的关键，通过它可以方便、快捷地取出依赖注入的 Bean。ApplicationContext 接口的实现类很多，如 ClassPathXmlApplicationContext、FileSystemXmlApplicationContext 和 AnnotationConfigApplicationContext 等。为了整合第三方库到 Spring 应用程序的上下文中，Spring 还提供了 spring-context-support 模块。该模块提供了对高速缓存（EhCache 和 JCache）和调度（CommonJ 和 Quartz）的支持。
- spring-expression：Spring 的表达式语言，用以帮助 Spring 在运行时查询和操作对象。同时，该表达式还支持设置和获取对象的属性值及方法的调用，以及访问数组、集合和索引器的内容并支持查询和操作运行时对象，是对 JSP 2.1 规范中规定的统一表达式语言（Unified EL，UEL）的扩展。

2．Spring AOP模块

AOP 模块是 Spring 框架的另一个核心模块，主要由 AOP（即 spring-aop）、Aspects（即 spring-aspects）和 Instrument（即 spring-instrument）3 个子模块组成，提供面向切面的编程架构。

- spring-aop：AOP 的主要实现模块。以 JVM 的动态代理技术为基础，设计出一系列面向切面编程的实现，如前置通知、后置通知、环绕通知、返回通知

和异常通知等。同时，以 Pointcut 接口来匹配切入点，可以使用现有的切入点来指定横切面，也可以扩展相关方法，再根据需求进行切入。

- spring-aspects：集成自 AspectJ 框架，主要是为了给 Spring AOP 提供多种 AOP 实现方法。
- spring-instrument：基于 Java SE 中的 java.lang.instrument 进行设计，可以看作 AOP 的一个支援模块。该模块的主要作用是在 JVM 启用时生成一个 agent 代理类，开发者通过这个 agent 代理类在运行时修改类的字节，从而改变一个类的功能，实现 AOP 的功能。例如，spring-instrument-tomcat 模块包含支持 Tomcat 的植入代理。

3．数据访问和集成模块

数据访问和集成模块是由 JDBC（即 spring-jdbc）、ORM（即 spring-orm）、OXM（即 spring-oxm）、JMS（即 spring-jms）和 Transactions（即 spring-transactions）5 个子模块组成的。

- spring-jdbc：主要提供 JDBC 的模板方法、关系型数据库的对象化方式、SimpleJdbc 方式及事务管理来简化 JDBC 编程，它实现的类是 JdbcTemplate、SimpleJdbcTemplate 及 NamedParameterJdbcTemplate。通过 JdbcTemplate，消除了不必要的和烦琐的 JDBC 编码。
- spring-orm：ORM 框架支持模块，主要集成 Hibernate、Java Persistence API（JPA）和 Java Data Objects（JDO），用于资源管理、数据访问对象（DAO）的实现和事务处理。
- spring-oxm：主要提供一个抽象层以支撑 OXM（Object to XML Mapping，提供一个支持对象或 XML 映射实现的抽象层，将 Java 对象映射成 XML 数据，或者将 XML 数据映射成 Java 对象），如 JAXB、Castor、XMLBeans、JiBX 和 XStream 等。
- spring-jms：发送和接收信息的模块，自 Spring 4.1 以后，它还提供对 spring-messaging 模块的支持。
- spring-transactions：事务控制实现模块。Spring 框架对事务做了很好的封装，通过对该框架的 AOP 进行配置，可以将事务灵活地配置在任何一层，用以实现特殊接口和所有 POJO（普通 Java 对象）的类编程和声明式事务管理。

4．Spring Web模块

Web 模块建立在应用程序的上下文模块之上，为基于 Web 的应用程序提供上下文。该模块主要由 Web（即 spring-web）、WebMVC（即 spring-webmvc）、WebSocket（即 spring-websocket）和 WebFlux（即 spring-webflux）4 个子模块组成。

- spring-web：提供最基础的 Web 支持（如文件上传功能），以及初始化一个面向 Web 的应用程序上下文的 IoC 容器，同时也包含一些与 Web 相关的支持。
- spring-webmvc：一个 Web-Servlet 模块，实现 Spring MVC（Model-View-Controller）的 Web 应用。Spring 的 MVC 框架让领域模型代码和 Web 表单之间能清晰地分离，并能与 Spring Framework 的其他功能集成。其中 DispatchServlet 是核心类，它完成对请求的处理与返回。
- spring-websocket：基于 WebSocket 协议的 Web 实现。
- spring-webflux：基于 Reactor 实现异步非阻塞的 Web 框架。

5．Messaging模块

Messaging（即 spring-messaging）模块是从 Spring 4 开始新加入的，它的主要功能是为 Spring 框架集成一些基础的报文传送功能。

6．Test模块

Test（即 spring-test）模块主要为应用测试提供支持，它集成了 JUnit 框架，可以对 Spring 组件进行单元测试和集成测试。

1.2 控 制 反 转

在 Spring 框架中，Bean 的实例化和组装都是由 IoC 容器通过配置元数据完成的。本节主要介绍 Spring IoC 容器的理念，以及 spring-beans 模块和 spring-context 模块中的几个关键接口类。

1.2.1 IoC 和 DI 简介

IoC（Inversion of Control）是"控制反转"的意思。如何理解"控制反转"这个词呢？首先我们需要知道反转的是什么，是由谁来控制。在 Spring 框架没有出现之前，在 Java 面向对象的开发中，开发者通过 new 关键字完成对 Object 的创建。Spring 框架诞生后，是通过 Spring 容器来管理对象的，因此 Object 的创建是通过 Spring 来完成的。最终得出结论：控制反转指的是由开发者来控制创建对象变成了由 Spring 容器来控制创建对象，创建对象和销毁对象的过程都由 Spring 来控制。以 Spring 框架为开发基础的应用尽量不要自己创建对象，应全部交由 Spring 容器管理。

DI（Dependency Injection）称为依赖注入。在 Java 程序中，类与类之间的耦合非常频繁，如 Class A 需要依赖 Class B 的对象 b。而基于 Spring 框架的开发，在 Class A 中不需要显式地使用 new 关键字新建一个对象 b，只需在对象 b 的声明之上加一行注解@Autowired，这样在 Class A 用到 b 时，Spring 容器会主动完成对象 b 的创建和注入。这就是 Class A 依赖 Spring 容器的注入。通过上面的解释，我们可以发现 IoC 和 DI 其实是同一概念从不同角度的解释。

在 Spring 框架中，org.springframework.context.ApplicationContext 接口代表 Spring IoC 容器，它负责实例化、配置和组装 Beans。容器通过读取元数据的配置来获取对象的实例化，以及配置和组装的描述信息。元数据可以用 XML、Java 注解或 Java 配置代码表示应用的对象及这些对象之间的内部依赖关系。

Spring 框架提供了几个开箱即用的 ApplicationContext 接口的实现类，如 Class-PathXmlApplicationContext、FileSystemXmlApplicationContext 和 AnnotationConfig-ApplicationContext 等。在独立应用程序中，通常创建一个 ClassPathXmlApplication-Context 或 FileSystemXmlApplicationContext 实例对象来获取 XML 的配置信息。开发者也可以指示容器使用 Java 注解或 Java 配置作为元数据格式，通过 Annotation-ConfigApplicationContext 来获取 Java 配置的 Bean。

1.2.2　元数据配置

1. 基于XML的配置

Spring 框架最早是通过 XML 配置文件的方式来配置元数据的，示例代码如下：

```xml
<?xml version="1.0" encoding="UTF-8"?>
<beans xmlns="http://www.springframework.org/schema/beans"
    xmlns:xsi="http://www.w3.org/2001/XMLSchema-instance"
    xsi:schemaLocation="http://www.springframework.org/schema/beans
        https://www.springframework.org/schema/beans/spring-beans.xsd">
<!-- 定义 UserService 类 -->
<bean id="userService" class="com.spring.boot.UserService">
    <!-- id属性 -->
    <property name="id" value="1"/>
    <!-- name 属性 -->
    <property name="name" value="zhangsan"/>
</bean>
</beans>
```

在 src/main/resources 目录下新建 spring.xml 文件，内容如上面的代码所示，<bean>和</bean>标签用来描述 Bean 的元数据信息。在上面的代码中声明了一个 UserService 类，该类有两个属性，即 id 和 name，通过<property>和</property>标签直接进行赋值。

UserService 实体类的声明代码如下：

```
//声明 UserService 类
public class UserService {
    private Integer id;                    //用户 ID
    private String name;                   //用户名称
    //getter 和 setter 方法
    public Integer getId() {
        return id;
    }
    public void setId(Integer id) {
        this.id = id;
    }
    public String getName() {
        return name;
    }
    public void setName(String name) {
        this.name = name;
    }
    //打印属性值
    public void getUser() {
        System.out.println("id:"+this.id);
        System.out.println("name:"+this.name);
    }
}
```

以上代码声明了一个 UserService 类，并实现了属性 id 和属性 name 的 setter 和 getter 方法，通过 getUser()方法打印属性值。编写测试代码，展示通过 Spring 上下文获取 UserService 对象，具体代码如下：

```
//测试类
public class SpringXmlTest {
    public static void main(String[] args) {
        //通过 spring.xml 获取 Spring 应用上下文
        ApplicationContext context = new ClassPathXmlApplication
Context("spring.xml");
        UserService userService = context.getBean("userService",
UserService.class);
        userService.getUser();                 //打印结果
    }
}
```

打印结果：

```
id:1
name:zhangsan
```

在上面的示例代码中，ClassPathXmlApplicationContext 可以通过 spring.xml 文件获取 UserService 类的配置元数据，通过 Spring 容器的组装和实例化 UserService 类，最终正确调用 getUser()方法打印出定义的属性值。

2．基于Java注解的配置

从 Spring 2.5 开始，支持以 Java 注解的方式来配置 Bean，如@Scope、@Service、@Component、@Controller、@Repository、@Autowired 和@Resource 等注解。

@Scope 注解可以设置 Bean 的作用域。Spring 容器实例化的对象默认是单例的，如果想要修改作用域，可以通过@Scope 注解进行修改。表 1.1 中列出了@Scope 注解使用的一些作用域。

表 1.1　@Scope注释的作用域

作　用　域	说　　　明
singleton	Spring IoC容器只有一个单实例
prototype	每次获取一个新实例
request	每一次有HTTP请求时都会产生一个新的实例,同时该实例仅在当前HTTP request内有效
session	每一次有HTTP请求时都会产生一个新的实例,同时该实例仅在当前HTTP session内有效
application	全局Web应用级别的作用域,也是在Web环境中使用的,一个Web应用程序对应一个Bean实例
websocket	WebSocket的单实例作用域

request、session、application 和 websocket 作用域只在 Web 应用环境中使用。在普通的 Spring IoC 容器里只有 singleton 和 prototype 两种作用域，其他的设置会抛出异常。

下面改造基于 XML 配置元数据的例子，将其改成基于 Java 注解的方式来注入 Bean，具体代码如下：

```java
//注解的方式声明 UserService
@Service
public class UserService {
    private Integer id;                      //用户 ID
    private String name;                     //用户名称
    //getter 和 setter 方法
    public Integer getId() {
        return id;
    }
    public void setId(Integer id) {
        this.id = id;
    }
    public String getName() {
        return name;
    }
    public void setName(String name) {
        this.name = name;
```

```
    }
    //属性值打印
    public void getUser() {
        System.out.println("id:"+this.id);
        System.out.println("name:"+this.name);
    }
}
```

上面的代码在 UserService 类中加了一个@Service 注解，spring.xml 配置文件不再使用。下面增加一个注解类，添加@ComponentScan 注解，代码如下：

```
//@ComponentScan 注解用来扫描 UserService 类
@ComponentScan("com.spring.boot")
public class SpringAnnotationTest {
}
```

@ComponentScan 注解的值是 com.spring.boot，说明 Spring 容器可以自动扫描这个包路径下可管理的类，并对该类进行实例化。添加测试类代码如下：

```
@ComponentScan("com.spring.boot")
public class SpringAnnotationTest {
    public static void main(String[] args) {
        //通过注解类获取应用上下文
        ApplicationContext context = new AnnotationConfigApplication
Context(SpringAnnotationTest.class);
        //获取 UserService 对象
        UserService userService = context.getBean(UserService.class);
        userService.setId(1);
        userService.setName("zhangsan");
        userService.getUser();                  //调用方法，打印属性值
    }
}
```

打印结果：

```
id:1
name:zhangsan
```

通过 AnnotationConfigApplicationContext 类可以获取被@Service 注解的 User-Service 实例化对象，并正确打印属性值。通过 Java 注解的方式同样完成了实例的初始化，说明 XML 配置方式可以完全被替换。

3．基于Java配置的示例

从 Spring 3.0 开始，Spring 框架开始支持基于 Java 的方式来配置元数据，如@Configuration、@Bean、@Import 和@Profile 等注解。@Configuration 注解一般用来配置类，配置类中可以使用@Bean 注解来声明某个类的初始化操作；@Import 注解可以导入由@Configuration 注解的配置类；@Profile 注解可以根据不同环境生成不同的实例。

下面改造基于 Java 注解的案例，给出一个基于 Java 配置的示例。UserService 类去掉@Service 注解后，将变成普通的 Bean。UserService 类的声明代码如下：

```
//声明 UserService 类
public class UserService {
    private Integer id;                     //用户 ID
    private String name;                    //用户名称
    public Integer getId() {
        return id;
    }
    public void setId(Integer id) {
        this.id = id;
    }
    public String getName() {
        return name;
    }
    public void setName(String name) {
        this.name = name;
    }
    //属性值打印
    public void getUser() {
        System.out.println("id:"+this.id);
        System.out.println("name:"+this.name);
    }
}
```

新增配置类，代码如下：

```
//基于@Configuration 注解生成 UserService 对象
@Configuration
public class SpringConfigTest {
    @Bean
    public UserService userService() {
        return new UserService();
    }
}
```

SpringConfigTest 类由@Configuration 注解，表明这个类是个配置类。由@Bean 注解的 userService()方法返回了 UserService 类的实例。添加测试类代码如下：

```
@Configuration
public class SpringConfigTest {
    @Bean
    public UserService userService() {
        return new UserService();
    }

    public static void main(String[] args) {
        //通过配置类获取 Spring 应用上下文
        ApplicationContext context = new AnnotationConfigApplication
Context(SpringConfigTest.class);
        UserService userService = context.getBean(UserService.class);
        userService.setId(1);
        userService.setName("zhangsan");
        userService.getUser();                      //打印属性值
    }
}
```

打印结果：

```
id:1
name:zhangsan
```

从上面的例子看，基于 Java 配置实例化对象的方式不再需要对 spring.xml 的依赖。基于 Java 注解或 Java 配置来管理 Bean 的方式已经是当今编程的流行方式。后文介绍 Spring Boot 时，还会介绍一些新的注解或配置方式。

1.2.3 Bean 管理

如图 1.2 所示为 Bean 被 Spring 容器组装的简单过程。首先通过 XML 配置、注解配置或 Java 配置等 3 种方式配置元数据，然后装配 BeanDefinition 属性，如果有增强设置，如实现了 BeanFactoryPostProcessor 或 BeanPostProcessor 接口，则进行拦截增强处理，最后通过配置的初始化方法完成 Bean 的实例化。

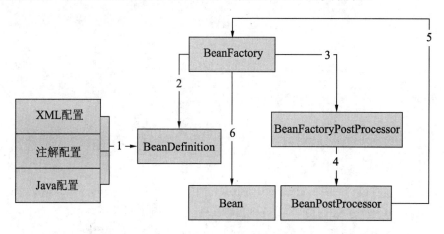

图 1.2 Bean 的组装过程

spring-beans 模块是 Spring 容器组装 Bean 的核心模块，它提供了组装 Bean 的几个关键接口，如图 1.2 中的 BeanDefinition、BeanFactoryPostProcessor、BeanPost-Processor 和 BeanFactory 等。

- BeanDefinition：该接口继承自 AttributeAccessor 和 BeanDefinition 两个接口。该接口可以获取 Bean 的元数据配置信息，也可以改变 Bean 的属性。
- BeanFactoryPostProcessor：该接口为函数接口，只有一个方法 postProcessBean-Factory()。该接口可以通过 ConfigurableListableBeanFactory 参数获取 Bean-Definition，然后对 Bean 的属性进行修改，如把 Bean 的 Scope 从 singleton 改为 prototype 等。

- BeanPostProcessor：该接口有两个方法，即 postProcessBeforeInitialization() 和 postProcessAfterInitialization()，分别用于在 Bean 实例化之前和实例化之后进行额外的操作。BeanPostProcessor 接口与 BeanFactoryPostProcessor 接口的区别在于，BeanFactoryPostProcessor 接口是在 Bean 实例化之前进行修改。

本节将通过两个简单的例子，展现 BeanFactoryPostProcessor 和 BeanPostProcessor 接口的扩展能力。首先来看一个 BeanFactoryPostProcessor 接口扩展的例子。BeanFactory-PostProcessor 接口方法的输入参数是 ConfigurableListableBeanFactory，使用该参数可以获取相关 Bean 的定义信息。示例代码如下：

```
@Component
public class BeanFactoryPostProcessorImpl implements BeanFactory
PostProcessor {
    @Override
    public void postProcessBeanFactory(ConfigurableListableBean
Factory beanFactory) throws BeansException {
        //获取 UserService 的 BeanDefinition
        BeanDefinition beanDefinition = beanFactory.getBeanDefinition
("userService");
        //修改 Scope 属性
beanDefinition.setScope("prototype");
        System.out.println(beanDefinition. getScope());
    }
}
```

打印结果：

```
prototype
```

通过打印结果可以看到，在 UserService 实例化之前修改了该类的作用域，将其从 singleton 改为了 prototype。

对于 BeanPostProcessor 接口的扩展，可以在 Spring 容器实例化 Bean 之后或者执行 Bean 的初始化方法之前添加一些自己的处理逻辑。示例代码如下：

```
@Component
public class BeanPostProcessorImpl implements BeanPostProcessor {
    //在实例化之前操作
    @Override
    public Object postProcessBeforeInitialization(Object bean, String
beanName) throws BeansException {
        //判断 Bean 的类型
        if(bean instanceof UserService){
            System.out.println("postProcessBeforeInitialization bean :
" + beanName);
        }
        return bean;
    }
    //在实例化之后操作
    @Override
    public Object postProcessAfterInitialization(Object bean, String
```

```
beanName) throws BeansException {
    //判断 Bean 的类型
    if(bean instanceof UserService){
        System.out.println("postProcessAfterInitialization bean : "
+ beanName);
    }
    return bean;
    }
}
```

打印结果：

```
postProcessBeforeInitialization bean : userService
postProcessAfterInitialization bean : userService
```

从打印结果中可以看到，在 UserService 实例化之前和之后都打印了日志，因此通过 BeanPostProcessor 可以做一些增强逻辑。

1.3　面向切面编程

AOP（Aspect Oriented Programming）与 OOP（Object Oriented Programming，面向对象编程）相辅相成。AOP 提供了与 OOP 不同的抽象软件结构的视角。在 OOP中，我们以类（Class）作为基本单元，而在 AOP 中则以切面（Aspect）作为基本单元。AOP 是一种增强的编程方式，可以解耦一些非业务逻辑，如声明式事务管理、日志管理或异常处理等。从底层原理来讲，AOP 实际上是基于 Java 的代理模式实现的。本节首先介绍代理模式的定义，然后介绍 AOP 编程概念，最后使用@Aspect 注解实现面向切面编程。

1.3.1　代理模式

代理模式是经典的设计模式之一，目的是为了扩展和增强类或接口。代理模式通常可以分为静态代理模式和动态代理模式。

1．静态代理模式

静态代理模式的实现比较简单，主要的实现原理是：代理类与被代理类同时实现一个主题接口，代理类持有被代理类的引用。

（1）新建一个公共接口 UserInterface，代码如下：

```
//声明 UserInterface 接口
public interface UserInterface {
    //声明方法
```

```
public abstract void getUser();
}
```

（2）定义真实执行类 RealUser 并实现公共接口 UserInterface，代码如下：

```
//声明 RealUser 类,实现 UserInterface 接口
public class RealUser implements UserInterface {
    @Override
    public void getUser() {
        //新建 UserService 对象
        System.out.println("真实用户角色执行! ");
        UserService userService = new UserService();
        userService.setId(1);
        userService.setName("zhangsan");
        userService.getUser();
    }
}
```

（3）定义代理类 UserProxy 实现公共接口 UserInterface，并持有被代理类的实例。在执行时，调用被代理类（RealUser）实例的 getUser()方法。代码如下：

```
//声明 UserProxy 代理类,并实现 UserInterface 接口
public class UserProxy implements UserInterface {
    private UserInterface userInterface;
    //构造方法传入 UserInterface 类型参数
    public UserProxy(UserInterface userInterface) {
        this.userInterface = userInterface;
    }
    //实现 getUser()方法,在执行方法前后进行额外操作
    @Override
    public void getUser() {
        doBefore();
        userInterface.getUser();
        doAfter();
    }
    //真实方法执行前操作
    private void doBefore() {
        System.out.println("代理类开始执行");
    }
    //真实方法执行后操作
    private void doAfter() {
        System.out.println("代理类结束执行");
    }
}
```

（4）编写测试代码，具体如下：

```
public class SpringProxyTest {
    public static void main(String[] args) {
        UserInterface realUser = new RealUser();
        //传入真实对象 RealUser
        UserProxy userProxy = new UserProxy(realUser);
        userProxy.getUser();
    }
}
```

运行结果如下：

```
代理类开始执行
真实用户角色执行！
id:1
name:zhangsan
代理类结束执行
```

从打印结果可以看到，代理类实际上是调用了被代理类的方法。

2．动态代理

顾名思义，动态代理是指在程序运行时动态地创建代理类。动态代理的使用方式主要分为两种：一种是基于接口的代理，另一种则是基于类的代理。基于接口的代理方式是指通过 JDK 自带的反射类来生成动态代理类；基于类的代理方式则是指通过字节码处理来实现类代理，如 CGLIB 和 Javassist 等。

首先我们来看一个基于 JDK 反射生成代理类的例子。

（1）定义一个公共接口 UserServiceInterface，代码如下：

```
public interface UserServiceInterface {
    public void getUser();
}
```

（2）定义真实用户角色类 UserServiceImpl 并实现公共接口 UserServiceInterface，代码如下：

```
public class UserServiceImpl implements UserServiceInterface {
    @Override
    public void getUser() {
        System.out.println("zhangsan");          //实现 getUser()方法
    }
}
```

（3）定义代理类 UserServiceProxy，实现 InvocationHandler 接口，并重写 invoke()方法，代码如下：

```
//定义实现 InvocationHandler 接口的代理类 UserServiceProxy
public class UserServiceProxy implements InvocationHandler {
    private Object target;
    //构造方法
    public UserServiceProxy(Object target) {
        this.target = target;
    }
    //通过 Proxy 动态生成代理类对象
    public <T> T getProxy() {
        return (T) Proxy.newProxyInstance(target.getClass().get
ClassLoader(), target.getClass().getInterfaces(), this);
    }
    //动态执行方法
    @Override
```

```
    public Object invoke(Object proxy, Method method, Object[] args)
throws Throwable {
        System.out.println("JDK before");
        method.invoke(target, args);
        System.out.println("JDK after");
        return null;
    }
}
```

（4）编写测试代码：

```
public class SpringProxyTest {
    public static void main(String[] args) {
        //通过代理类生成 UserServiceInterface 接口类型对象
        UserServiceInterface userServiceInterface = new UserService
Proxy(new UserServiceImpl()).getProxy();
        userServiceInterface.getUser();        //调用 getUser()方法
    }
}
```

打印结果如下：

```
JDK proxy before
zhangsan
JDK proxy after
```

通过上面的代理类的执行结果可以看到，真实用户角色类被屏蔽了，只需要暴露接口即可执行成功。屏蔽内部实现的逻辑就是代理模式的特点。

上面主要讲的是基于 JDK 反射的例子。下面来看一下 CGLIB 实现动态代理的原理。它是通过继承父类的所有公共方法，然后重写这些方法，并在重写方法时对这些方法进行增强处理来实现的。根据里氏代换原则（LSP），父类出现的地方子类都可以出现，因此 CGLIB 实现的代理类也是可以被正常使用的。

CGLIB 的基本架构如图 1.3 所示，代理类继承自目标类，每次调用代理类的方法时都会被拦截器拦截，然后在拦截器中调用真实目标类的方法。

图 1.3　CGLIB 动态代理实现原理

CGLIB 实现动态代理的方式比较简单，具体如下：

（1）直接实现 MethodInterceptor 拦截器接口，并重写 intercept()方法。代码如下：

```
//继承 MethodInterceptor 类并实现 intercept()方法
public class UserMethodInterceptor implements MethodInterceptor {
    @Override
    public Object intercept(Object obj, Method method, Object[] args,
MethodProxy proxy) throws Throwable {
        System.out.println("Cglib before");
        proxy.invokeSuper(obj, args);
        System.out.println("Cglib after");
        return null;
    }
}
```

（2）新建 Enhancer 类，并设置父类和拦截器类。代码如下：

```
public class SpringProxyTest {
    public static void main(String[] args) {
        Enhancer enhancer = new Enhancer();
        enhancer.setSuperclass(UserServiceImpl.class);        //设置父类
        //设置拦截器
        enhancer.setCallback(new UserMethodInterceptor());
        UserServiceImpl userServiceImpl = (UserServiceImpl) enhancer.
create();                                                //创建对象
        userServiceImpl.getUser();                           //调用 getUser 方法
    }
}
```

打印结果如下：

```
Cglib before
zhangsan
Cglib after
```

JDK 实现动态代理是基于接口，其中，目标类与代理类都继承自同一个接口；而 CGLIB 实现动态代理是继承目标类并重写目标类的方法。在项目开发过程中，可根据实际情况进行选择。

1.3.2　AOP 中的术语

Spring AOP 就是负责实现切面编程的框架，它能将切面所定义的横切逻辑织入切面所指定的连接点中。AOP 是一种面向切面的编程，有很多独有的概念，如切面、连接点和通知等，它们组合起来才能完成一个完整的切面逻辑。因此，AOP 的工作重心在于如何将增强织入目标对象的连接点上。

1. 切面

切面（Aspect）通常由 Pointcut（切点）和 Advice（通知）组合而成。通常是定义一个类，并在类中定义 Pointcut 和 Advice。定义的 Pointcut 用来匹配 Join point（连接点），也就是对那些需要被拦截的方法进行定义。定义的 Advice 用来对被拦截的方法进行增强处理。在 Spring AOP 中，切面定义可以基于 XML 配置定义，也可以用@Aspect 注解定义。我们可以简单地认为，使用@Aspect 注解的类就是一个切面类。

2．连接点

连接点是程序执行过程中的一个明确的点，如方法的执行或者异常处理。在 Spring AOP 中，一个连接点一般代表一个方法的执行。

3．通知

通知是切面在特定的连接点上执行的特殊逻辑。通知可以分为方法执行前（Before）通知、方法执行后（After）通知和环绕（Around）通知等。包括 Spring AOP 在内的许多 AOP 框架通常会使用拦截器来增强逻辑处理能力，围绕着连接点维护一个拦截器链。

Spring AOP 的 Advice 类型如表 1.2 所示。

表 1.2　Advice类型

类　　型	说　　明
Before advice	前置增强，在连接点之前执行
After returning advice	后置增强，在方法正常退出时执行
After throwing advice	后置增强，在抛出异常时执行
After (finally) advice	后置增强，不管是抛出异常还是正常退出都会执行
Around advice	在连接点之前和之后均执行

4．切点

切点是一种连接点的声明。通知是由切点表达式连接并匹配上切点后再执行的处理逻辑。切点用来匹配特定连接点的表达式，增强处理将会与切点表达式产生关联，并运行在匹配到的连接点上。通过切点表达式匹配连接点是 AOP 的核心思想。Spring 默认使用 AspectJ 的切点表达式。

5．引入

Spring AOP 可以引入一些新的接口来增强类的处理能力。例如，可以使用引入（Introduction）让一个 Bean 实现 IsModified 接口，从而实现一个简单的缓存功能。

6．目标类

目标类（Target Class）是指被切面增强的类。被一个或多个切面增强的对象也叫作增强对象。Spring AOP 采用运行时代理（Runtime Proxies），目标对象就是代理对象。

7．AOP代理

Spring 框架中的 AOP 代理（AOP Proxy）指的是 JDK 动态代理或者 CGLIB 动态代理。为了实现切面功能，目标对象会被 AOP 框架创建出来。在 Spring 框架中，AOP 代理的创建方式包括两种：如果有接口，则使用基于接口的 JDK 动态代理，否则使用基于类的 CGLIB 动态代理。也可以在 XML 中通过设置 proxy-target-class 属性来完全使用 CGLIB 动态代理。

8．织入

在编译期、加载期和运行期都可以将增强织入（Weaving）目标对象中，但 Spring AOP 一般是在运行期将其织入目标对象中。织入可以将一个或多个切面与类或对象连接在一起，然后创建一个被增强的对象。

1.3.3　@AspectJ 注解

在 spring-aspects 模块中引入了 AspectJ 工程。@AspectJ 可以通过注解声明切面。为了能够使用@AspectJ 注解，必须要开启 Spring 的配置支持。@AspectJ 注解支持以 XML 的方式进行切面声明配置，如<aop:aspectj-autoproxy/>标签配置，也可以通过 Java 配置的方式进行切面声明配置。@EnableAspectJAutoProxy 注解用于开启 AOP 代理自动配置。AspectJ 的重要注解如表 1.3 所示。

表 1.3　AspectJ的重要注解

注　解	说　明
@Aspect	定义一个切面，如果要被Spring管理，还需要配合使用@Component
@Pointcut	定义切点
@Before	前置增强
@AfterReturning	后置增强，在方法返回后执行
@AfterThrowing	后置增强，在抛出异常后执行
@After	后置增强
@Around	环绕增强

@Pointcut 切点注解是匹配一个执行表达式。表达式类型如表 1.4 所示。

表 1.4　@Pointcut表达式类型

表　达　式	说　　明
execution	匹配一个执行方法的连接点，如@Pointcut("execution(public * *(..))")
within	限定连接点属于某个确定类型的类,如@Pointcut("within(com.xyz.someapp.trading..*)")
this	匹配的连接点所属的对象引用是某个特定类型的实例，如@Pointcut("this(com. xyz.service.AccountService)")
target	匹配的连接点所属的目标对象必须是指定类型的实例，如@Pointcut("target(com. xyz.service.AccountService)")
args	匹配指定方法的参数，如@Pointcut("args(java.io.Serializable)")
@target	匹配指定的连接点，该连接点所属的目标对象的类有一个指定的注解，如 @Pointcut("@target(org.springframework.transaction.annotation.Transactional)")
@args	连接点在运行时传过来的参数的类必须要有指定的注解，如@Pointcut("@args (com.xyz.security.Classified)")
@within	匹配必须包括某个注解的类中的所有连接点，如@Pointcut("@within(org. springframework.transaction.annotation.Transactional)")
@annotation	匹配有指定注解的连接点，如@Pointcut("@annotation(org.springframework. transaction.annotation.Transactional)")

@Pointcut 切点表达式可以组合使用&&、||或!三种运算符。示例代码如下：

```
@Pointcut("com.xyz.myapp.SystemArchitecture.dataAccessOperation()
&& args(account,..)")
```

@Around 通知注解的方法可以传入 ProceedingJoinPoint 参数，ProceedingJoinPoint 类实例可以获取切点方法的相关参数及实例等。

1.3.4　基于 XML 配置的 AOP

下面的例子是基于 XML 方式配置的切面。

（1）定义一个类，在类中定义一些切点，代码如下：

```
//声明切面类
public class AspectTest {
    //方法执行前操作
    public void before() {
        System.out.println("before");
    }
    //方法执行后操作
    public void after() {
        System.out.println("after");
    }
    //方法环绕操作
```

```
    public void around() {
        System.out.println("around");
    }
}
```

（2）定义目标对象，代码如下：

```
//定义目标类
public class UserService {
    private Integer id;
    private String name;
    public Integer getId() {
        return id;
    }
    public void setId(Integer id) {
        this.id = id;
    }
    public String getName() {
        return name;
    }
    public void setName(String name) {
        this.name = name;
    }
    //执行方法
    public void getUser() {
        System.out.println("id:"+this.id);
        System.out.println("name:"+this.name);
    }
}
```

（3）基于 XML 方式配置切面，代码如下：

```
<?xml version="1.0" encoding="UTF-8"?>
<beans xmlns="http://www.springframework.org/schema/beans"
    xmlns:xsi="http://www.w3.org/2001/XMLSchema-instance"
    xmlns:aop="http://www.springframework.org/schema/aop"
    xsi:schemaLocation="http://www.springframework.org/schema/beans
    https://www.springframework.org/schema/beans/spring-beans.xsd
    http://www.springframework.org/schema/aop
    http://www.springframework.org/schema/aop/spring-aop.xsd">
<aop:aspectj-autoproxy/>
<bean id="aspectTest" class="com.spring.boot.AspectTest" />
<bean id="userService" class="com.spring.boot.UserService">
    <property name="id" value="1"/>
    <property name="name" value="zhangsan"/>
</bean>
<aop:config>
    <aop:pointcut expression="execution(public * com.spring.boot.
UserService.getUser(..))"
                  id="pointcut"/>
    <aop:aspect order="1" ref="aspectTest" >
        <aop:before method="before" pointcut-ref="pointcut"/>
    </aop:aspect>
    <aop:aspect order="2" ref="aspectTest" >
        <aop:after method="after" pointcut-ref="pointcut"/>
    </aop:aspect>
```

```
            <aop:aspect order="3" ref="aspectTest" >
                <aop:after method="around" pointcut-ref="pointcut"/>
            </aop:aspect>
        </aop:config>
</beans>
```

测试程序，代码如下：

```
public class SpringXmlTest {
    public static void main(String[] args) {
        //通过 spring.xml 获取 Spring 应用上下文
        ApplicationContext context = new ClassPathXmlApplication
Context("spring.xml");
        UserService userService = context.getBean("userService",
UserService.class);
        userService.getUser();                //打印结果
    }
}
```

在以上代码中，<aop:aspectj-autoproxy>标签开启了全局 AspectJ，<aop:config>
标签定义了 Pointcut 和 Aspect。

1.3.5　基于@Aspect 注解的 AOP

基于@Aspect 注解的切面编程完全可以通过注解的形式完成。

（1）定义一个@User 注解，代码如下：

```
//定义@User 注解
@Target({ElementType.METHOD})
@Retention(RetentionPolicy.RUNTIME)
public @interface User {
}
```

（2）定义切面类，代码如下：

```
//定义切面
@Aspect
@Component
public class AspectTest {
    //定义切点，表示使用了@User 注解的方法将会被增强处理
    @Pointcut("@annotation(com.spring.boot.User)")
    public void pointCut() {}
    //在切点方法之前执行
    @Before("pointCut()")
    public void before() {
        System.out.println("before");
    }
    //处理真实的方法
    @Around("pointCut()")
    public void around(ProceedingJoinPoint proceedingJoinPoint)
```

```
throws Throwable {
    System.out.println("around before");
    proceedingJoinPoint.proceed();
    System.out.println("around after");
}
//在切点方法之后执行
@After("pointCut()")
public void after() {
    System.out.println("after");
}
}
```

（3）新建配置类，代码如下：

```
//配置类开启切面配置
@EnableAspectJAutoProxy
@Configuration
@ComponentScan("com.spring.boot")
public class SpringConfigTest {
    @Bean
    public UserService userService() {
        return new UserService();
    }
    public static void main(String[] args) {
        //通过配置类获取 Spring 应用上下文
        ApplicationContext context = new AnnotationConfigApplication
Context(SpringConfigTest.class);
        UserService userService = context.getBean(UserService.class);
        userService.setId(1);
        userService.setName("zhangsan");
        userService.getUser();               //打印属性值
    }
}
```

（4）在目标类中增加@User 注解，代码如下：

```
@Service
public class UserService {
    private Integer id;
    private String name;
    public Integer getId() {
        return id;
    }
    public void setId(Integer id) {
        this.id = id;
    }
    public String getName() {
        return name;
    }
    public void setName(String name) {
        this.name = name;
    }
```

```
    //添加了@User注解的方法
    @User
    public void getUser() {
        System.out.println("id:"+this.id);
        System.out.println("name:"+this.name);
    }
}
```

1.4　总　　结

本章介绍了 Java 编程领域优秀的开源框架 Spring，从 Spring 的发展历史及特点讲起，重点讲解了两大核心概念 IoC 与 AOP 的原理及 Bean 的组装过程。其实，整个 Spring 框架是围绕 IoC 与 AOP 两大核心概念展开的，并逐渐发展成了一个庞大的家族。在了解了 Spring Framework 的基础知识后，后续将开始讲解 Spring 家族中的其他优秀框架，如 Spring Boot、Spring MVC 和 Spring WebFlux 等，并会对 Spring 如何集成第三方工具包进行介绍。

第 2 章　Spring MVC 基础

虽然 Spring Boot 近几年发展迅猛，但是 Spring MVC 在 Web 开发领域仍然占有重要的地位。本章主要讲解 Spring MVC 的核心：DispatcherServlet 类、拦截器及控制器的相关知识。

2.1　Spring MVC 简介

Spring MVC 是一种将业务、视图、数据分离的设计模式。它不仅出现在 Java 后端开发中，在前端开发中也经常使用这种设计模式。Spring MVC 提供了高度可配置的 Web 框架和多种视图解决方案，并且提供了基于 Servlet 的接口，可以灵活地处理请求。

2.1.1　Spring MVC 的工作流程

Spring MVC 框架主要由核心 Servlet（DispatcherServlet）、处理器映射（Handler-Mapping）、控制器（Controller）、视图解析器（ViewResolver）、模型（Model）及视图（View）等几部分组成，其主要的工作流程如图 2.1 所示。

从图 2.1 中可以看到，Spring MVC 框架的主要工作流程可以分为以下几步：

（1）在浏览器中输入 URL 地址后，所有的请求都被 DispatcherServlet 拦截。

（2）DispatcherServlet 通过 HandlerMapping 解析 URL 地址，找到匹配的能处理该请求的 Controller，然后请求被 Controller 处理。

（3）Controller 通过调用具体的业务逻辑，返回 ModelAndView。

（4）DispatcherServlet 通过 ViewResolver（视图解析器），组装 Model 数据与对应的视图，如某个 JSP 页面等。

（5）将视图结果展现在浏览器页面上。

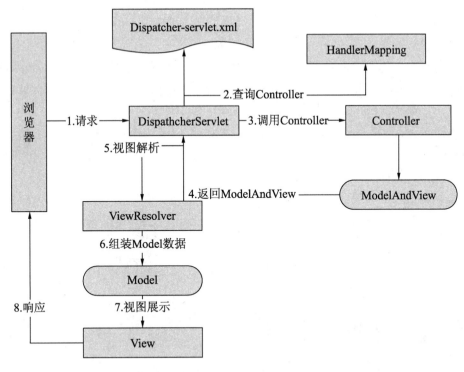

图 2.1　Spring MVC 的工作流程图

Spring MVC 框架提供了很多重要的接口，用于完成一个 HTTP 请求的处理，主要的接口如表 2.1 所示。

表 2.1　Spring MVC框架的主要接口

接　　口	说　　明
HandlerMapping	通过一系列拦截器将请求映射到一个控制器（Controller）上
HandlerAdapter	DispatcherServlet的辅助类，辅助映射请求处理
HandlerExceptionResolver	解析异常，可以映射到一个处理器、视图或其他目标对象上
ViewResolver	视图解析器，返回对应的真正视图
LocalResolver	区域解析器
MultipartResolver	处理文件上传等请求

2.1.2　DispatcherServlet 类

DispatcherServlet 类是 Servlet 的一种实现，置于 Controller 前，对所有的请求提供统一的处理逻辑。DispatcherServlet 类需要提前声明，可以采用 Java 配置或 web.xml 方式进行声明。它通过请求映射、视图解析及统一异常处理等 Spring 配置发现真正的请求处理组件，从而完成对请求的处理。

DispatcherServlet 类处理请求的步骤如下：

（1）DispatcherServlet 类将 WebApplicationContext 绑定到请求中，WebApplication-Context 会持有 Controller、ViewResolver、HandlerMapping、Service 及 Repository 等。

（2）HandlerMapping 通过匹配规则授权给一个 Handler 来处理具体的逻辑，此处的 Handler 是一个处理链，整个处理过程会通过拦截器（Interceptor）和控制器（Controller）等来处理。

（3）返回 Model 数据并渲染视图。

DispatcherServlet 类通过 web.xml 方式可以声明，代码如下：

```xml
<?xml version="1.0" encoding="UTF-8"?>
<web-app xmlns="http://xmlns.jcp.org/xml/ns/javaee"
         xmlns:xsi="http://www.w3.org/2001/XMLSchema-instance"
         xsi:schemaLocation="http://xmlns.jcp.org/xml/ns/javaee http://
xmlns.jcp.org/xml/ns/javaee/web-app_4_0.xsd"
         version="4.0">
    <context-param>
        <param-name>contextConfigLocation</param-name>
        <param-value>/WEB-INF/dispatcher-servlet.xml</param-value>
    </context-param>
    <listener>
        <listener-class>org.springframework.web.context.Context
LoaderListener</listener-class>
    </listener>
    <servlet>
        <servlet-name>dispatcher</servlet-name>
        <servlet-class>org.springframework.web.servlet.Dispatcher
Servlet</servlet-class>
        <load-on-startup>1</load-on-startup>
    </servlet>
    <servlet-mapping>
        <servlet-name>dispatcher</servlet-name>
        <url-pattern>/</url-pattern>
    </servlet-mapping>
</web-app>
```

DispatcherServlet 类也可以通过实现 WebApplicationInitializer 接口来声明。以下是摘自 Spring 官网的一段示例代码：

```java
public class MyWebApplicationInitializer implements WebApplication
Initializer {
    @Override
    public void onStartup(ServletContext servletCxt) {
        //加载 Spring Web 应用上下文
        AnnotationConfigWebApplicationContext ac = new Annotation
ConfigWebApplicationContext();
        ac.register(AppConfig.class);
        ac.refresh();
        //创建 DispatcherServlet
        DispatcherServlet servlet = new DispatcherServlet(ac);
```

```
        //注册 DispatcherServlet
        ServletRegistration.Dynamic registration = servletCxt.
        addServlet("app", servlet);
        registration.setLoadOnStartup(1);
        registration.addMapping("/app/*");
    }
}
```

2.1.3　HandlerInterceptor 拦截器

为了实现一些特殊功能，如在请求处理之前进行用户校验或日志记录等，Spring MVC 提供了灵活的处理方式，即定义拦截器。自定义拦截器实现 HandlerInterceptor 接口，然后实现对应的抽象方法，这样可以做一些预处理或请求之后的处理。Handler-Interceptor 接口提供了 3 个方法：

- preHandle(HttpServletRequest request, HttpServletResponse response, Object handler)：默认返回 true。该方法是在处理器执行之前调用，通过返回 true 或 false，判断是否继续执行后面的处理链。返回 true 表示继续向后执行，返回 false 表示中断后续处理。
- postHandle(HttpServletRequest request, HttpServletResponse response, Object handler, @Nullable ModelAndView modelAndView)：该方法是在处理器处理请求之后及解析视图之前调用，可以通过该方法对请求后的模型和视图进行修改。
- afterCompletion(HttpServletRequest request, HttpServletResponse response, Object handler, @Nullable Exception ex)：该方法是在处理器处理完请求之后，即视图渲染结束后执行。

下面展示一个简单的 Interceptor 登录拦截器的例子：

```
//自定义拦截器
public class LogInterceptor implements HandlerInterceptor {
    //处理器处理请求之后且视图渲染结束执行
    @Override
    public void afterCompletion(HttpServletRequest request,
                        HttpServletResponse response, Object handler,
Exception ex)
            throws Exception {
        System.out.println("afterCompletion 方法是在处理器处理完请求之
后，即视图渲染结束后执行");
    }
    //处理器处理请求之后，即解析视图之前调用
    @Override
    public void postHandle(HttpServletRequest request,
                    HttpServletResponse response, Object handler,
                    ModelAndView modelAndView) throws Exception {
        System.out.println("postHandle 方法是在处理器处理请求之后解析视图
```

```
之前调用");
    }
    //处理器处理请求之前执行
    @Override
    public boolean preHandle(HttpServletRequest request,
                        HttpServletResponse response, Object handler)
throws Exception {
        System.out.println("preHandle 方法是在处理器执行之前调用");
        return true;
    }
}
```

如果想让 Interceptor 生效，还需要声明一下，代码如下：

```
<mvc:interceptors>
    <!-- 配置一个全局拦截器，拦截所有请求 -->
    <bean class="com.cn.springmvc.LogInterceptor" />
</mvc:interceptors>
```

🔔注意：postHandle()方法很少与@ResponseBody 和 ResponseEntity 配合使用，因为 @ResponseBody 和 ResponseEntity 已经提交了响应，无法再修改。

2.2 Spring MVC 注解

Spring MVC 框架提供了大量的注解，如请求注解、参数注解、响应注解及跨域注解等。这些注解提供了解决 HTTP 请求的方案。本节主要讲解 Spring MVC 的常用注解及相关示例。

2.2.1 请求注解

请求注解声明在类或者方法中用于声明接口类或者请求方法的类型。

1．@Controller注解

@Controller 注解声明在类中，表示该类是一个接口类。@RestController 也是声明接口类，它是一个组合注解，由@Controller 与@ResponseBody 注解组合而成。

2．@RequestMapping注解

@RequestMapping注解声明在类或者方法中，可以指定路径、方法（GET、HEAD、POST、PUT、PATCH、DELETE、OPTIONS 或 TRACE 等）或参数等。根据不同的请求方法，Spring MVC 还提供了一些更简单的注解，具体如下：

- @GetMapping：相当于@RequestMapping(method = {RequestMethod.GET})。
- @PostMapping：相当于@RequestMapping(method = {RequestMethod.POST})。
- @PutMapping：相当于@RequestMapping(method = {RequestMethod.PUT})。
- @DeleteMapping：相当于@RequestMapping(method = {RequestMethod. DELETE})。
- @PatchMapping：相当于@RequestMapping(method = {RequestMethod. PATCH})。

2.2.2　参数注解

参数注解可以对方法的请求参数进行注解，用于获取 HTTP 请求中的属性值。常用的参数注解如下：

- @PathVariable：URL 路径参数，用于将 URL 路径中的参数映射到对应方法的参数中。
- @RequestBody：可以映射请求的 Body 对象。
- @RequestHeader：请求 Header 的映射。
- @CookieValue：用于获取 Cookie 的属性值。
- @SessionAttribute：用于获取 Session 的属性值。

下面给出一个请求注解与参数注解的示例：

```
//定义 HiController
@RestController
@RequestMapping("/hi")
public class HiController {
    //请求路径/hi/mvc/{id}
    @RequestMapping("/mvc/{id}")
    public ModelAndView sayHi(@PathVariable Integer id){
        System.out.println(id);
        //定义视图模型
        ModelAndView modelAndView = new ModelAndView();
        modelAndView.setViewName("say");
        modelAndView.addObject("name","mvc");
        return modelAndView;
    }
}
```

对应的 say.jsp 代码如下：

```
<%@ page contentType="text/html;charset=UTF-8" language="java" %>
<html>
<head>
    <title>Title</title>
</head>
<body>
hi ,${name}
</body>
</html>
```

2.2.3 异常注解

有时接口请求的业务处理逻辑会产生异常，为了全局统一异常处理，返回同一个异常页面，可以使用@ExceptionHandler 注解。@ExceptionHandler 注解声明在方法中，用于提供统一的异常处理。具体的示例代码如下：

```
public class BaseController {
    //统一异常处理
    @ExceptionHandler
    public String exceptionHandler(HttpServletRequest request,
Exception ex){
        request.setAttribute("ex", ex);
        return "error";
    }
}
```

在以上代码中，用@ExceptionHandler 声明 exceptionHandler()方法，如果接口处理有异常，则跳转到 error.jsp 页面。其他接口类继承 BaseController 类的示例代码如下：

```
@RestController
@RequestMapping("/hi")
public class TestExceptionController extends BaseController {
    @RequestMapping("/error")
    public ModelAndView sayHi(){
        throw new RuntimeException("testExceptionHandler");
    }
}
```

为了方便测试，处理方法直接抛出异常，则浏览器跳转到 error.jsp 页面。error.jsp 页面的示例代码如下：

```
<%@ page contentType="text/html;charset=UTF-8" language="java" %>
<html>
<head>
    <title>Title</title>
</head>
<body>
    hi,error
</body>
</html>
```

2.2.4 跨域注解

后台服务器如果要满足多个客户端的访问，则需要设置跨域访问。@CrossOrigin 注解提供了跨域访问的可能性，它可以声明在类中，也可以声明在方法中。代码如下：

```
//声明在类中的跨域注解
@CrossOrigin(maxAge = 3600)
```

```
@RestController
@RequestMapping("/account")
public class AccountController {
    //声明在方法中的跨域注解
    @CrossOrigin("https://domain2.com")
    @GetMapping("/{id}")
    public Account retrieve(@PathVariable Long id) {
        ...
    }
    @DeleteMapping("/{id}")
    public void remove(@PathVariable Long id) {
        ...
    }
}
```

如果要全局配置跨域，则需要实现 WebMvcConfigurer 接口的 addCorsMappings()
方法，代码如下：

```
@Configuration
@EnableWebMvc
public class WebConfig implements WebMvcConfigurer {
    @Override
    public void addCorsMappings(CorsRegistry registry) {
        //全局配置跨域属性
        registry.addMapping("/api/**")
            .allowedOrigins("https://domain2.com")
            .allowedMethods("PUT", "DELETE")
            .allowedHeaders("header1", "header2", "header3")
            .exposedHeaders("header1", "header2")
            .allowCredentials(true)
            .maxAge(3600);
    }
}
```

2.2.5　请求跳转

请求跳转可以分为“主动跳转”“被动跳转”，其中，“被动跳转”又称为“重
定向”。Spring MVC 提供了 forword 和 redirect 关键字用于实现主动跳转和重定向，
示例代码如下：

```
@RestController
@RequestMapping("/hi")
public class HiController {
    @RequestMapping("/forward")
    public String testForward(){
        //请求 forward 跳转
        return "forward:/hi/error";
    }
    @RequestMapping("/redirect")
    public String testRedirect(){
        //请求 redirect 跳转
```

```
              return "redirect:/hi/error";
    }
}
```

2.3 总 结

　　本章主要讲解了 Spring MVC 框架的相关知识，并通过示例展示了 Spring MVC
的处理流程。Spring MVC 框架是构建在 Servlet 之上的，通过简单的配置与注解，
可以帮助开发者快速搭建一个后台服务端应用。Spring MVC 还为开发者提供了拦截
器和视图解决方案等特性，提高了请求处理的效率。

第 3 章 Spring Boot 基础

第 1 章与第 2 章我们学习了 Spring 框架的基础知识，以及如何使用 Spring MVC 进行接口开发，本章我们将揭开 Spring Boot 的神秘面纱。Spring 的发展史可以说是配置文件的简化史，例如，最开始采用 XML 文件配置 Bean，使用 web.xml 声明 DispatcherServlet，这些配置文件的配置方式复杂且需要解析。此外，Spring 还存在对第三方包的依赖管理问题。Spring Boot 的诞生就是为了解决 Spring 框架发展中存在的问题，它采用最少的配置实现开箱即用，让开发人员更加专注于业务开发逻辑。本章将结合一些简单的示例重点介绍 Spring Boot 的原理及相关配置。

3.1 Spring Boot 简介

Spring 框架从诞生以来就是一款非常优秀的框架，随着其发展，几乎集成了各种第三方中间件。当开发一个大型的企业应用项目时，需要很多配置文件，此时集成第三方工具包时变得非常麻烦，这也是 Spring 框架被吐槽最多的一点。Pivotal 公司也意识到了 Spring 框架的这些问题，所以启动了 Spring Boot 的开发，目的是减少开发过程中的配置，而且还可以生成各种 Starter 工具包，以方便集成第三方工具包。基于这两个方面的改进，使得 Spring Boot 迅速流行起来。

3.1.1 Spring Boot 的特性

在采用 Spring MVC 框架实现一个后端接口服务应用时，需要依赖 spring-web、spring-context、spring-beans、spring-aop、spring-aspects、spring-core 和 spring-webmvc 等相关模块，同时还需要声明 web.xml、dispatcher-servlet.xml 等配置文件。完成以上操作之后，还需要将其部署到 Tomcat 服务器上。如果使用 Spring Boot 框架进行开发，会让一切变得非常简单，只需要依赖一个 spring-boot-starter-web 即可完成。

Spring Boot 不是对 Spring 框架功能上的增强，而是提供了一种快速使用 Spring 的方式。Spring Boot 的主要特性如下：

- 提供了各种 Starter。这些 Starter 可以自动依赖与版本控制相关的工具包。同时 Spring Boot 还可以让开发人员自定义 Starter，即 Starter 是可定制化的。各种第三方工具包都可以用 Starter 来定制，可以减少版本的冲突问题。
- 简化了 Spring 框架的开发流程。Spring Boot 提供了更佳的入门体验，可以快速构建独立运行的 Spring 应用程序。
- 提供了大量的自动配置，简化了开发过程，不需要配置 XML，没有代码生成，开箱即用，还可以通过修改默认值来满足特定业务的需求。
- 通过内嵌的 Servlet 容器，如 Tomcat、Jetty 或 Undertow 等部署接口服务，应用无须打 WAR 包，即可以 JAR 包的形式运行。
- 提供了应用监控、健康检查及安全指标等功能。
- 适合微服务开发，天然适合与云计算结合。通过与 Spring Cloud 家族集成，可以快速开发微服务应用。

3.1.2　快速创建 Spring Boot 应用

创建 Spring Boot 应用有多种方式，如将 Spring Tool Suite 插件集成到 Eclipse 等开发工具中，也可以下载安装 Spring Boot CLI 执行脚本，或使用 Spring Initializr 工具等。下面使用 Spring 官网提供的 Spring Initializr 工具初始化一个 Spring Boot 工程，步骤如下：

（1）登录 Spring 官网 https://start.spring.io/，在 Project 下选择 Maven Project 选项，在 Language 下选择 Java 选项，在 Spring Boot 下选择 2.3.3 选项，然后在 Project Metadata 栏中依次设置 Group、Artifact、Name、Description、Package name、Packaging、Java 等信息，如图 3.1 所示。

图 3.1　使用 Spring Initializr 工具构建 Spring Boot 工程

（2）设置完成后单击右侧的 ADD DEPENDENCIES…CTRL+B 按钮，添加 Spring Web 依赖包，如图 3.2 所示。

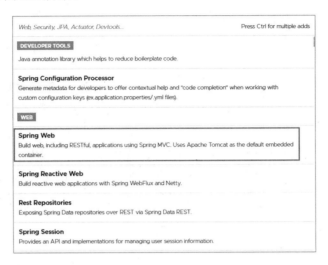

图 3.2　添加 Spring Web 依赖包

（3）单击 GENERATE CTRL+⏎按钮，即可完成项目的下载，如图 3.3 所示。

图 3.3　生成项目

（4）解压 spring-boot-example.zip 包，导入开发工具，然后新建 HiController 类，代码如下：

```
@RestController
@RequestMapping("/hi")
public class HiController {
    @GetMapping("/springBoot")
    public String hi(){
        return "hi spring boot!";
    }
}
```

（5）直接运行 SpringBootExampleApplication 类。启动成功后，在浏览器中输入 http://localhost:8080/hi/springBoot，将显示"hi spring boot!"。这样，一个简单的 Spring Boot 应用便创建成功了。是不是特别简单？

3.1.3　Spring Boot Starter 简介

在 3.1.2 节中，我们新建了一个应用程序，只依赖 spring-boot-starter-web 包就可以开发出一个后端接口服务。Spring Boot 提供了很多 Starter 用于自动依赖并进行版本控制的 JAR 包，而且 Spring Boot 在配置上相比 Spring 要简单许多，其核心在于只需要引入官方提供的 Starter 便可以直接使用，免去了各种复杂的配置。

Spring Boot 官方对 Starter 项目的定义是有要求的，通常命名为 spring-boot-starter-{name}，如 spring-boot-starter-web，对于非官方的 Starter 命名应遵守 {name}-spring-boot-starter 的格式。下面通过一个具体的示例来演示创建一个 Starter 项目的过程。

（1）创建一个名为 biz-spring-boot-starter 的 MAVEN 工程，并且在 pom 文件中添加依赖，具体代码如下：

```xml
<project xmlns="http://maven.apache.org/POM/4.0.0" xmlns:xsi="http://www.w3.org/2001/XMLSchema-instance" xsi:schemaLocation="http://maven.apache.org/POM/4.0.0 http://maven.apache.org/xsd/maven-4.0.0.xsd">
  <modelVersion>4.0.0</modelVersion>
  <groupId>com.springboot.starter</groupId>
  <artifactId>biz-spring-boot-starter</artifactId>
  <version>0.0.1-SNAPSHOT</version>
  <parent>
      <groupId>org.springframework.boot</groupId>
      <artifactId>spring-boot-starter-parent</artifactId>
      <version>2.3.3.RELEASE</version>
  </parent>
  <dependencies>
      <dependency>
        <groupId>org.springframework.boot</groupId>
        <artifactId>spring-boot-starter</artifactId>
      </dependency>
      <dependency>
        <groupId>org.springframework.boot</groupId>
        <artifactId>spring-boot-configuration-processor</artifactId>
        <optional>true</optional>
      </dependency>
      <dependency>
        <groupId>org.projectlombok</groupId>
        <artifactId>lombok</artifactId>
        <scope>compile</scope>
      </dependency>
  </dependencies>
</project>
```

（2）新建一个配置文件读取类 BizProperties，代码如下：

```java
//配置属性
@Data
@ConfigurationProperties(prefix="hi")
public class BizProperties {
    private String name;
}
```

（3）新建 Service 类 BizService，代码如下：

```
//声明 BizService 类
public class BizService {
    public String name;
    public BizService(String name) {
        this.name = name;
    }
    public String say() {
        return "hi " + this.name;
    }
}
```

（4）新建自动配置类 BizAutoConfiguration，代码如下：

```
//配置类，创建 BizService 对象
@Configuration
@EnableConfigurationProperties(BizProperties.class)
//程序需要配置 hi.name 属性才能生效
@ConditionalOnProperty("hi.name")
public class BizAutoConfiguration {
    @Bean
    public BizService bizService(BizProperties bizProperties) {
        //创建 BizService
        return new BizService(bizProperties.getName());
    }
}
```

注意：@ConditionalOnProperty("hi.name")注解表示只有配置文件中有 hi.name 属性时才自动配置 Bean 对象 BizService。

（5）在 resources/META-INF 下添加 spring.factories 指定的自动装配类，配置如下：

```
org.springframework.boot.autoconfigure.EnableAutoConfiguration=\
   com.spring.boot.configuration.BizAutoConfiguration
```

（6）改造 3.1.2 节创建的工程。首先依赖 biz-spring-boot-starter 包，然后在 application.properties 文件中新增配置，具体如下：

```
hi.name=Spring Boot
```

（7）改造 HiController 类，自动注入 BizService，代码如下：

```
//改造 HiController
@RestController
@RequestMapping("/hi")
public class HiController {
    @Resource
    private BizService bizService;
    @GetMapping("/springBoot")
    public String hi(){
        return bizService.say();
    }
}
```

（8）重新启动应用，在浏览器中访问 http://localhost:8080/hi/springBoot，将显示"hi Spring Boot!"。

3.2　Spring Boot 的运行原理

从 3.1.2 节创建的 Spring Boot 应用示例中可以看到，启动一个 Spring Boot 工程都是从 SpringApplication.run()方法开始的。这个方法具体完成了哪些工作？@Spring-BootApplication 注解的作用是什么？在本节内容中将找到答案。

3.2.1　SpringApplication 启动类

通过查看 SpringApplication.run()方法的源码可以看到，该方法首先生成 Spring-Application 的一个实例，然后调用实例的 run()方法。下面来看一下 SpringApplication 构造函数的源码：

```
public SpringApplication(ResourceLoader resourceLoader, Class...
primarySources) {
    this.sources = new LinkedHashSet();
    this.bannerMode = Mode.CONSOLE;
    this.logStartupInfo = true;                      //①
    this.addCommandLineProperties = true;
    this.addConversionService = true;
    this.headless = true;
    this.registerShutdownHook = true;
    this.additionalProfiles = new HashSet();
    this.isCustomEnvironment = false;
    this.lazyInitialization = false;                 //②
    this.resourceLoader = resourceLoader;
    Assert.notNull(primarySources, "PrimarySources must not be null");
    this.primarySources = new LinkedHashSet(Arrays.asList
(primarySources));
    this.webApplicationType = WebApplicationType.deduceFrom
Classpath();                                         //③
this.setInitializers(this.getSpringFactoriesInstances(Application
ContextInitializer.class));                          //④
    this.setListeners(this.getSpringFactoriesInstances
(ApplicationListener.class));                        //⑤
    this.mainApplicationClass = this.deduceMainApplicationClass();
    }
```

- 注释①：打印启动信息。
- 注释②：表示 Bean 是否要以懒加载的方式进行实例化。
- 注释③：初始化 WebApplicationType 的类型，主要包括 REACTIVE、SERVLET 和 NONE 三种类型。
- 注释④：加载 ApplicationContextInitializer 类。

- 注释⑤：加载 ApplicationListener 类。
- 注释④和⑤是加载 META-INF/spring.factories 文件中配置的 ApplicationContext-Initializer 和 ApplicationListener 类。具体配置代码如下：

```
org.springframework.context.ApplicationContextInitializer=\
org.springframework.boot.context.ConfigurationWarningsApplication
ContextInitializer,\
org.springframework.boot.context.ContextIdApplicationContextInitializer,\
org.springframework.boot.context.config.DelegatingApplication
ContextInitializer,\
org.springframework.boot.rsocket.context.RSocketPortInfoApplication
ContextInitializer,\
org.springframework.boot.web.context.ServerPortInfoApplication
ContextInitializer

org.springframework.context.ApplicationListener=\
org.springframework.boot.ClearCachesApplicationListener,\
org.springframework.boot.builder.ParentContextCloserApplicationListener,\
org.springframework.boot.cloud.CloudFoundryVcapEnvironmentPost
Processor,\
org.springframework.boot.context.FileEncodingApplicationListener,\
org.springframework.boot.context.config.AnsiOutputApplicationListener,\
org.springframework.boot.context.config.ConfigFileApplicationListener,\
org.springframework.boot.context.config.DelegatingApplicationListener,\
org.springframework.boot.context.logging.ClasspathLoggingApplication
Listener,\
org.springframework.boot.context.logging.LoggingApplicationListener,\
org.springframework.boot.liquibase.LiquibaseServiceLocatorApplication
Listener
```

通过上面的构造函数可以看到，SpringApplication 类的主要的工作是确定 Web 应用类型、加载上下文初始化器及监听器等。

接下来看重要的部分，即 SpringApplication 实例的 run()方法，具体源代码如下：

```
public ConfigurableApplicationContext run(String... args) {
    StopWatch stopWatch = new StopWatch();
    stopWatch.start();
    ConfigurableApplicationContext context = null;
    Collection<SpringBootExceptionReporter> exceptionReporters =
new ArrayList();
    this.configureHeadlessProperty();
    SpringApplicationRunListeners listeners = this.getRunListeners
(args);                                              //①
    listeners.starting();
    Collection exceptionReporters;
    try {
        ApplicationArguments applicationArguments = new Default
ApplicationArguments(args);
        ConfigurableEnvironment environment = this.prepareEnvironment
(listeners, applicationArguments);                   //②
        this.configureIgnoreBeanInfo(environment);
        Banner printedBanner = this.printBanner(environment);
        context = this.createApplicationContext();           //③
```

```
        exceptionReporters = this.getSpringFactoriesInstances
(SpringBootExceptionReporter.class, new Class[]{ConfigurableApplication
Context.class}, context);
        this.prepareContext(context, environment, listeners,
applicationArguments, printedBanner);                        //④
        this.refreshContext(context);                        //⑤
        this.afterRefresh(context, applicationArguments);
        stopWatch.stop();
        if (this.logStartupInfo) {
            (new StartupInfoLogger(this.mainApplicationClass)).
logStarted(this.getApplicationLog(), stopWatch);
        }
        listeners.started(context);                          //⑥
        this.callRunners(context, applicationArguments);     //⑦
    } catch (Throwable var10) {
        this.handleRunFailure(context, var10, exceptionReporters,
listeners);
        throw new IllegalStateException(var10);
    }
    try {
        listeners.running(context);                          //⑧
        return context;
    } catch (Throwable var9) {
        this.handleRunFailure(context, var9, exceptionReporters,
(SpringApplicationRunListeners)null);
        throw new IllegalStateException(var9);
    }
}
```

- 注释①：初始化监听器，并开启监听器进行事件监听。
- 注释②：准备上下文环境，包括运行机器的环境变量、应用程序启动的变量和配置文件的变量等。初始化上下文环境后,启动监听器 listeners.environment-Prepared(environment)。
- 注释③：初始化应用上下文。根据 WebApplicationType 类型的不同，生成的上下文也不同。如果是 SERVLET,则对应生成 AnnotationConfigServletWebServer-ApplicationContext；如果是 REACTIVE,则对应生成 AnnotationConfigReactive-WebServerApplicationContext。默认生成 AnnotationConfigApplicationContext。
- 注释④：刷新应用上下文的准备工作。此处主要用于设置容器环境，启动监听器 listeners.contextPrepared(context),加载启动类,并调用 listeners.contextLoaded(context)方法。
- 注释⑤：刷新应用上下文，主要用于进行自动化装配和初始化 IoC 容器。
- 注释⑥：容器启动事件。
- 注释⑦：如果有用户定义的 CommandLineRunner 或者 ApplicationRunner，则遍历执行它们。
- 注释⑧：容器运行事件。

通过分析源代码，总结出 Spring Boot 启动的主要流程如图 3.4 所示。

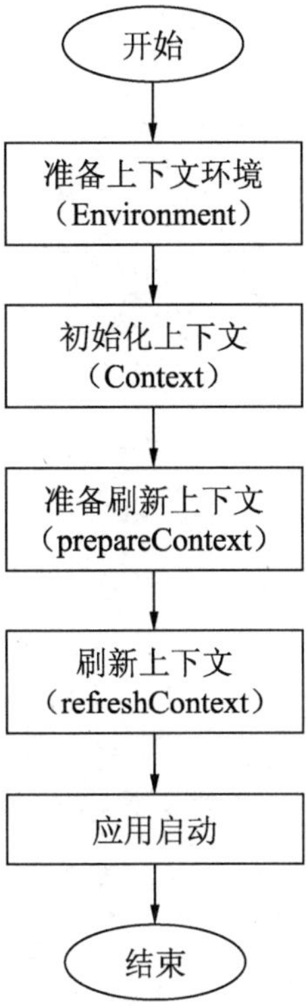

```
          开始

   准备上下文环境
   （Environment）

   初始化上下文
   （Context）

   准备刷新上下文
   （prepareContext）

   刷新上下文
   （refreshContext）

   应用启动

          结束
```

图 3.4　Spring Boot 的启动流程

通过分析源代码还可以发现，事件监听是 Spring 框架中重要的一部分。Spring
提供了多种类型的事件，常用的如表 3.1 所示。

表 3.1　Spring 中常用的事件

事　件	说　　明
ApplicationStartingEvent	应用启动事件
ApplicationEnvironmentPreparedEvent	环境准备事件
ApplicationContextInitializedEvent	上下文初始化事件
ApplicationPreparedEvent	应用上下文准备时触发事件
ApplicationStartedEvent	应用启动事件，在刷新上下文之后触发
ApplicationReadyEvent	应用上下文准备完成时触发事件
ApplicationFailedEvent	应用启动失败事件
WebServerInitializedEvent	WebServer 初始化事件
ContextRefreshedEvent	上下文刷新事件

3.2.2 @SpringBootApplication 注解

在 Spring Boot 的入口类中，有一个重要的注解@SpringBootApplication，本节将分析该注解的作用。首先查看@SpringBootApplication 的源代码，具体如下：

```
@Target(ElementType.TYPE)
@Retention(RetentionPolicy.RUNTIME)
@Documented
@Inherited
@SpringBootConfiguration
@EnableAutoConfiguration
@ComponentScan(excludeFilters = { @Filter(type = FilterType.CUSTOM,
classes = TypeExcludeFilter.class),
        @Filter(type = FilterType.CUSTOM, classes = AutoConfiguration
ExcludeFilter.class) })
public @interface SpringBootApplication {
    @AliasFor(annotation = EnableAutoConfiguration.class)
    Class<?>[] exclude() default {};
    @AliasFor(annotation = EnableAutoConfiguration.class)
    Class<?>[] exclude() default {};
    @AliasFor(annotation = ComponentScan.class, attribute = "base
Packages")
    String[] scanBasePackages() default {};
    @AliasFor(annotation = ComponentScan.class, attribute = "base
PackageClasses")
    Class<?>[] scanBasePackageClasses() default {};
    @AliasFor(annotation = Configuration.class)
    boolean proxyBeanMethods() default true;
}
```

通过源码可以看到，@SpringBootApplication 是一个复合注解，包括@Component-Scan、@EnableAutoConfiguration 和@SpringBootConfiguration 等。下面具体分析这 3 个注解。

1. @ComponentScan注解

在第 1 章中讲过 Bean 的注解，如@Service、@Repository、@Component 和@Controller 等。@ComponentScan 注解可以自动扫描被以上注解描述的 Bean 并将其加载到 IoC 容器中。@ComponentScan 注解还有许多属性，通过这些属性可以更准确地指定哪些 Bean 被扫描并注入。

- basePackages：指定需要扫描的包路径。
- basePackageClasses：指定类，并扫描该类所在包下的所有组件。
- includeFilters：指定哪些类可以通过扫描。
- excludeFilters：指定哪些类不被扫描。

- lazyInit：指定扫描的对象是否要懒加载。
- resourcePattern：指定符合条件的类文件。

2．@EnableAutoConfiguration注解

@EnableAutoConfiguration 注解是 Spring Boot 实现自动化配置加载的核心注解。通过 @Import 注入一个名为 AutoConfigurationImportSelector 的类，Spring-FactoriesLoader 类加载类路径下的 META-INF/spring.factories 文件来实现自动配置加载的过程。其中，spring.factories 文件配置了 org.springframework.boot.autoconfigure.EnableAutoConfiguration 属性值，可以加载配置了 @Configuration 注解的类到 IoC 容器中。

3．@SpringBootConfiguration注解

@SpringBootConfiguration 注解的功能类似于 @Configuration 注解，声明当前类是一个配置类，它会将当前类中有 @Bean 注解的实例加载到 IoC 容器中。

3.3　Spring Boot 的配置文件

Spring Boot 的自动配置方式让配置文件使用起来更加方便，直接配置默认属性就可以完成对其他模块的集成。

3.3.1　默认配置文件

Spring Boot 默认支持两种配置文件，即 bootstrap（.yml 或 .properties 格式）文件和 application（.yml 或 .properties 格式）文件。

从加载顺序来看，bootstrap 文件是优先于 application 文件的。bootstrap 文件是父应用程序上下文加载，用于程序启动的引导工作，并且 bootstrap 文件可以从额外的资源来加载配置信息。从应用场景来看，bootstrap 文件可以配置一些系统级别的属性，这些属性的特征基本不会变，而 application 文件可以通过环境的不同分成多个文件。这两个文件共用一个环境，为 Spring Boot 应用程序提供配置属性。

可以看到，Spring Boot 的配置文件有 .yml 与 .properties 两种扩展名称。YAML 格式的文件可以更方便地定义层次配置数据，数据结构层次清晰明了，配置简单易读。本节的示例将会采用 YAML 格式的文件来配置数据。

3.3.2 多环境配置

在进行应用开发时，环境会分为开发环境（dev）、测试环境（test）和线上环境（prod），对应的会有多个配置文件，如 application-dev.yml、application-test.yml 和 application-prod.yml。Spring Boot 采用 spring.profiles.active 属性变量来指定具体的配置文件，如 spring.profiles.active=test，应用启动加载的文件是 application-test.yml。

同样，也可以在一个 application.yml 文件中通过 spring.profiles 属性配置不同环境的属性值。示例代码如下：

```
server:
    address: 192.168.1.100
---
spring:
    profiles: dev
server:
    address: 127.0.0.1
---
spring:
    profiles: prod
server:
    address: 192.168.1.120
```

上面的这个例子中，如果 dev 配置被指定，则 server.address 的属性值为 127.0.0.1。同样，如果 prod 配置被指定，则 server.address 的属性值为 192.168.1.120。如果 dev 和 prod 配置都没有被指定，则 server.address 的属性值为 192.168.1.100。

3.3.3 配置注解

Spring Boot 提供了@ConfigurationProperties 和@Value 等注解，可以轻松地获取配置文件的属性值。具体示例代码如下：

```
my:
    servers:
        - dev.example.com
        - another.example.com
    name: zhangsan
```

上面是一个 YAML 格式的配置文件，可以通过@ConfigurationProperties 注解获取配置的属性值。示例代码如下：

```
@Data
@Component
@ConfigurationProperties(prefix="my")
public class ConfigProperties {
    //值：dev.example.com 、another.example.com
```

```
    private List<String> servers = new ArrayList<String>();
    private String name;                    //值: zhangsan
}
```

通过@EnableConfigurationProperties 注解可以引入 ConfigProperties 类。示例代码如下：

```
@Configuration(proxyBeanMethods = false)
@EnableConfigurationProperties(ConfigProperties.class)
public class MyConfiguration {
}
```

通过@Validated 注解可以对配置文件中的属性值进行校验。示例代码如下：

```
@ConfigurationProperties(prefix="my")
@Validated
public class ConfigProperties {
    private List<String> servers = new ArrayList<String>();
    @NotNull                            //不为空
    private String name;
}
```

通过@Value("${property}")注解方式可以直接获取单个属性值。示例代码如下：

```
@component
public class ConfigService {
    @Value("${my.nam}")  //zhangsan
    private String name;
}
```

Spring Boot 使用@Configuration 注解完成自动配置，同时也提供了很多@Conditional 注解，指定在哪些条件下才能自动加载配置，如果不满足条件，则不加载。@Conditional 注解的类型如表 3.2 所示。

表 3.2　@Conditional注解的类型

类　　型	说　　明
@ConditionalOnClass	在类路径下有指定的类时加载
@ConditionalOnMissingClass	在类路径下没有指定的类时加载
@ConditionalOnBean	在容器中有指定的Bean时加载
@ConditionalOnMissingBean	在容器中没有指定的Bean时加载
@ConditionalOnProperty	配置文件有某个指定的属性时加载
@ConditionalOnResource	有指定的资源时加载
@ConditionalOnWebApplication	当应用是Web应用时加载
@ConditionalOnExpression	满足某表达式时加载

3.4　测试与部署

Spring Boot 之所以使用简单，是因为它的工程最终打包成了一个 JAR 包，并内嵌了 Web 容器，如 Tomcat 等，然后以 JAR 包的形式直接运行。随着云原生和云平台的发展，Spring Boot 与 Spring Cloud 可以完美集成并被部署到云平台上。

3.4.1　测试

Spring Boot 提供了很多实用的测试注解，可以在测试时使用。通常情况下，测试由 spring-boot-test（包含核心元素）和 spring-boot-test-autoconfigure（支持自动配置测试）两个模块支持，开发人员只需要依赖 spring-boot-starter-test 包即可。如果应用依赖了 spring-boot-starter-test 包，则同时依赖表 3.3 中的类库。

表 3.3　测试依赖

库	说　　明
JUnit	包括JUnit 4和JUnit 5
Spring Test & Spring Boot Test	用于Spring Boot测试
AssertJ	流式的断言库
Hamcrest	匹配库
Mockito	Mock框架
JSONassert	为JSON提供断言
JsonPath	为JSON提供XPATH功能

如果使用的是 JUnit 4，则需要添加@RunWith（SpringRunner.class）注解；如果使用的是 JUnit 5，则不需要添加该注解。Spring Boot 提供了@SpringBootTest 注解，当需要测试 Spring Boot 的特性时，该注解可以作为@ContextConfiguration 注解的替代。@SpringBootTest 注解通过 SpringApplication 创建测试中使用的 ApplicationContext。

在默认情况下，@SpringBootTest 注解不会启动服务器。可以通过设置@Spring-BootTest 注解的 webEnvironment 属性来修改测试的运行方式。webEnvironment 属性的取值如下：

- MOCK（默认）：加载 Web 应用程序上下文并提供模拟 Web 环境。使用该属性值不会启动嵌入的服务器，它可以与@AutoConfigureMockMvc 或@AutoConfigure-WebTestClient 注解结合使用。

- RANDOM_PORT：加载一个 WebServerApplicationContext 应用上下文并提供一个真实的 Web 环境。启动嵌入的服务器并在随机端口上进行监听。
- DEFINED_PORT：加载 WebServerApplicationContext 应用上下文并提供真实的 Web 环境。启动嵌入的服务器并在配置的端口上监听（在 application.properties 文件中配置）或者在默认端口 8080 上监听。
- NONE：使用 SpringApplication 加载 ApplicationContext 应用上下文，但不提供任何 Web 环境。

以 3.1.2 节中新建的工程为例，测试一下 HiController.java 接口。代码如下：

```
@SpringBootTest(webEnvironment = SpringBootTest.WebEnvironment.
RANDOM_PORT)
class SpringBootExampleApplicationTests {
    @Test
    public void testHiController(@Autowired TestRestTemplate rest
Template) {
        String body = restTemplate.getForObject("/hi/springBoot",
String.class);
        System.out.println(body);
    }
}
```

如要要测试 Spring MVC controllers 是否正确工作，可以使用@WebMvcTest 注解；如果要测试 WebFlux，则使用@WebFluxTest 注解。Spring Boot test 框架还提供了很多数据测试的注解，如@DataJpaTest、@JdbcTest、@DataMongoTest、@Data-RedisTest，以及客户端测试注解@RestClientTest 等。

3.4.2 打包

在使用 Spring Boot 进行开发时，如果希望修改类文件或者配置文件后让修改立即生效，则需要用到热部署。在 Spring Boot 应用的 pom 文件中添加以下依赖：

```
<dependency>
    <groupId>org.springframework.boot</groupId>
    <artifactId>spring-boot-devtools</artifactId>
    <optional>true</optional>
</dependency>
```

如果是 MAVEN 工程，Spring Boot 提供了打包插件，在 pom 文件中集成以下插件即可。

```
<plugin>
    <groupId>org.springframework.boot</groupId>
    <artifactId>spring-boot-maven-plugin</artifactId>
    <configuration>
        <executable>true</executable>
    </configuration>
```

```
</plugin>
```

　　打包之后是一个 JAR 包，直接使用 $ java -jar spring-boot-example.jar 命令即可运行。Spring Boot 的测试和部署会在后面的章节中继续介绍。

3.5 　总　　结

　　本章主要介绍了 Spring Boot 的特性、核心原理及配置文件等内容。Spring Boot 因为其配置简单、开箱即用的特点，迅速风靡各大互联网公司。随着微服务、云平台等概念的提出，Spring Boot 的这种架构开发方式会和实际开发场景越来越契合。Spring Boot 是目前主流的企业级应用开发框架，作为 Java 开发人员，必须要掌握这个框架。后面的章节中会继续讲解 Spring Boot 与其他第三方工具的集成使用，带领读者感受 Spring Boot 的便捷性与易用性。

第4章 Spring Boot 之数据访问

对于后端服务器接口的开发，其实就是对数据的增、删、改、查操作。最早的数据库是关系型数据库，如 Oracle 和 MySQL 等。随着数据类型的多样化发展，又诞生了诸如 MongoDB 和 Redis 等非关系型数据库，以及时序型数据库，如 InfluxDB 和 Prometheus 等。内存型数据库一般用于缓存，如 EhCache 和 Couchbase 等。Spring Boot 作为一款优秀的框架，提供了数据库集成的 Starter 模块，让开发者可以更方便地操作数据库。本章将通过案例讲解在 Spring Boot 框架中如何配置、连接及操作数据库。

4.1 访问 SQL 数据库

SQL 数据库主要指关系型数据库。本节主要讲解 Spring Boot 集成 MySQL 数据库的相关操作。Spring 框架为 MySQL 数据库提供了广泛的技术支持，从封装了 JDBC 操作的 JdbcTemplate，到支持 ORM 技术的 Hibernate 等。Spring Data 是 Spring 的一个子项目，它提供了 Repository 接口，可以通过函数名直接完成 SQL 语句的查询。

4.1.1 JdbcTemplate 模板类

Java 的 javax.sql.DataSource 接口提供了处理数据库连接的标准方法，通过配置一个连接池提供数据库连接，Spring Boot 可以完成一些自动配置。首选 HikariCP 连接池，也可使用 Tomcat 连接池，如果这两个连接池都不可用，则使用 DBCP2。当然，开发者也可以自定义连接池，如采用阿里巴巴的 Druid 等。

Spring Boot 提供了自动配置，因此开发者只需在配置文件中添加数据库的配置信息即可。Spring Boot 提供了多种类型的连接池，如 spring.datasource.hikari.*、spring.datasource.tomcat.*和 spring.datasource.dbcp2.*等。

🔔注意：如果不指定 spring.datasource.url 属性，则 Spring Boot 会自动配置内嵌的数据库。

一个简单的 DataSoruce 配置如下：

```
spring.datasource.url=jdbc:mysql://localhost/test
spring.datasource.username=dbuser
spring.datasource.password=dbpass
spring.datasource.driver-class-name=com.mysql.jdbc.Driver
spring.datasource.tomcat.max-wait=10000
spring.datasource.tomcat.max-active=50
spring.datasource.tomcat.test-on-borrow=true
```

原生的 JDBC 操作数据库需要自己创建连接，使用完之后还需要手动关闭。Spring 框架为了提高开发效率，对 JDBC 进行了封装，即提供了 JdbcTemplate 类。JdbcTemplate 是一个模板类，提供了操作数据库的基本方法，如插入、更新、删除及查询等操作，同时还封装了一些固定操作，如连接的创建与关闭。JdbcTemplate 类提供了回调接口的方式，用于实现一些可变操作，如 ConnectionCallback 可以返回一个连接，StatementCallback 可以返回一个 Statement，还可以在回调接口做一些映射关系的逻辑处理。

JdbcTemplate 模板类提供了以下几种类型的方法：

- execute()方法：可以执行任何 SQL 语句，一般多用于执行 DDL（做数据定义）类型的语句。
- update()方法：执行新增、修改、删除等语句。
- query()方法：执行与查询相关的语句。
- call()方法：执行与数据库存储过程和函数相关的语句。

下面通过一个简单的示例展示 JdbcTemplate 的操作。

（1）定义一张 user 表，结构如下：

```
CREATE TABLE `user` (
  `user_id` int(11) NOT NULL AUTO_INCREMENT COMMENT '用户id',
  `user_name` varchar(128) NOT NULL COMMENT '用户昵称',
  `login_name` varchar(128) NOT NULL COMMENT '登录账户',
  `user_head_img` varchar(256) DEFAULT NULL COMMENT '用户头像',
  `last_login_time` int(11) DEFAULT NULL COMMENT '上次登录时间'
  PRIMARY KEY (`user_id`)
) ENGINE=InnoDB DEFAULT CHARSET=utf8;
```

（2）使用 JdbcTemplate 需要依赖 spring-boot-starter-jdbc 和 mysql-connector-java 包。配置文件 application.yml 如下：

```
spring:
  datasource:
    url: jdbc:mysql://localhost:3306/test_db?useUnicode=true&character
Encoding=UTF8&characterSetResults=UTF8&serverTimezone=UTC
    username: root
    password: test1111
    driver-class-name: com.mysql.cj.jdbc.Driver
```

（3）定义实体类 User，代码如下：

```
//声明实体类 User
public class User {
    private Integer userId;                      //用户 ID
    private String userName;                      //用户名
    private String loginName;                      //登录名
    private Integer lastLoginTime;                //登录时间
    private String userHeadImg;                    //用户头像
    public Integer getUserId() {
        return userId;
    }
    public void setUserId(Integer userId) {
        this.userId = userId;
    }
    public String getUserName() {
        return userName;
    }
    public void setUserName(String userName) {
        this.userName = userName == null ? null : userName.trim();
    }
    public String getLoginName() {
        return loginName;
    }
    public void setLoginName(String loginName) {
        this.loginName = loginName == null ? null : loginName.trim();
    }
    public Integer getLastLoginTime() {
        return lastLoginTime;
    }
    public void setLastLoginTime(Integer lastLoginTime) {
        this.lastLoginTime = lastLoginTime;
    }
    public String getUserHeadImg() {
        return userHeadImg;
    }
    public void setUserHeadImg(String userHeadImg) {
        this.userHeadImg = userHeadImg == null ? null : userHeadImg.
trim();
    }
}
```

（4）定义 Dao 层的类 UserDao，在其中使用 JdbcTemplate 操作 MySQL 数据库，代码如下：

```
//声明 UserDao
@Repository
public class UserDao {
    @Autowired
    private JdbcTemplate jdbcTemplate;  //JdbcTemplate 注入
    public String add(User user){
        //insert 语句
        String sql = "insert into user(user_name, login_name, last_
login_time, user_head_img) value (?, ?, ?, ?)";
        try {
            jdbcTemplate.update(sql,user.getUserName(),user.getLogin
```

```
Name(),user.getLastLoginTime(),user.getUserHeadImg());
            return "1";
        } catch (DataAccessException e) {
            e.printStackTrace();
            return "0";
        }
    }
    public User findOne(Integer userId){
        //查询语句
        String sql = "select * from user where user_id = " + userId;
        List userList = jdbcTemplate.query(sql, new BeanProperty
RowMapper<>(User.class));
        return userList.get(0);
    }
    public String update(User user){
        //更新语句
        String sql = "update user set user_name = ?, login_name = ? where
user_id = ?";
        try {
            jdbcTemplate.update(sql, user.getUserName(), user.get
LoginName(), user.getUserId());
            return "1";
        } catch (DataAccessException e) {
            return "0";
        }
    }
    public String delete(Integer userId){
        //删除语句
        String sql = "delete from user where user_id = ?";
        try {
            jdbcTemplate.update(sql, userId);
            return "1";
        } catch (DataAccessException e) {
            return "0";
        }
    }
    public List<User> findAll(){
        //查询多条语句
        String sql = "select * from user";
        List<User> query = jdbcTemplate.query(sql, new BeanProperty
RowMapper<>(User.class));
        return query;
    }
}
```

（5）定义 Service 层的类 UserService，代码如下：

```
@Service
public class UserService {
    @Autowired
    private UserDao userDao;
    //添加方法
    public String add(User user){
        return userDao.add(user);
    }
```

```
    //查询方法
    public User findOne(Integer userId){
        return userDao.findOne(userId);
    }
    //更新方法
    public String update(User user){
        return userDao.update(user);
    }
    //删除操作
    public String delete(Integer userId){
        return userDao.delete(userId);
    }
    //查询列表方法
    public List<User> findAll(){
        return userDao.findAll();
    }
}
```

（6）定义 Controller 层的类 HiController，代码如下：

```
@RestController
@RequestMapping("/hi")
public class HiController {
    @Autowired
    private UserService userService;
    //新增用户接口
    @PostMapping("/add")
    public String add(@RequestBody User user){
        return userService.add(user);
    }
    //查询用户接口
    @GetMapping("/findOne")
    public User findOne(Integer userId){
        return userService.findOne(userId);
    }
    //更新用户接口
    @PostMapping("/update")
    public String update(@RequestBody User user){
        return userService.update(user);
    }
    //删除用户接口
    @DeleteMapping("/delete")
    public String delete(Integer userId){
        return userService.delete(userId);
    }
    //查询多条用户信息接口
    @GetMapping("/findAll")
    public List<User> findAll(){
        return userService.findAll();
    }
}
```

启动服务后，可以使用 Postman 以 POST 方式访问 http://localhost:8080/hi/add
接口，在请求 Body 中增加如下信息：

```
{
    "userName":"张三",
    "loginName":"zhangsan",
    "lastLoginTime":"1599032640",
    "userHeadImg":"https://image.xxx.com/xxx.jpg"
}
```

访问 http://localhost:8080/hi/findAll 接口，即可查看刚才插入的用户信息。同样，访问 http://localhost:8080/hi/update 接口可以更新用户信息，访问 http://localhost:8080/hi/delete?userId=130 接口可以删除用户信息。

4.1.2　Spring Data JPA 组件

当开发一个小型项目或者一些工具时可以使用 JdbcTemplate 模板类，如果开发的是一个大型项目，推荐使用实现了 ORM 持久化的框架，如 Hibernate 或 MyBatis。本节主要介绍集成了 Hibernate 的 Spring Data JPA 组件，它基于 ORM 框架，实现了 JPA 标准并简化了持久层操作，可以让开发人员用极其简单的方式完成对数据库的访问与操作。

Spring Data JPA 同样实现了基本的 CRUD 方法，如增、删、改、查等。如果有个性化的查询，则需要自定义 SQL 语句。Spring Data JPA 提供了以下几个核心接口：

- Repository 接口；
- CrudRepository 接口，继承自 Repository；
- PagingAndSortingRepository 接口，继承自 CrudRepository；
- JpaRepository 接口，继承自 PagingAndSortingRepository。

Spring Data JPA 提供了很多注解来声明 Entity 实体类，如表 4.1 所示。

表 4.1　Spring Data JPA注解

注　　解	说　　明
@Entity	声明类为实体类
@Table	声明表名
@Id	声明类的属性字段，该字段是表的主键
@GeneratedValue	声明主键id的生成方式
@Column	声明表的列
@ManyToMany	声明表之间多对多的关系
@ManyToOne	声明表之间多对一的关系
@OneToMany	声明表之间一对多的关系
@OneToOne	声明表之间一对一的关系

下面给出一个 Spring Data JPA 示例，Spring Boot 工程依赖 spring-boot-starter-data-jpa 模块。

（1）修改 application.yml 配置文件，代码如下：

```
spring:
  datasource:
    url: jdbc:mysql://localhost:3306/test_db?useUnicode=true&character
Encoding=UTF8&characterSetResults=UTF8&serverTimezone=UTC
    username: root
    password: test1111
    driver-class-name: com.mysql.cj.jdbc.Driver
  jpa:
    hibernate:
    ddl-auto: update
    show-sql: true
    database-platform: org.hibernate.dialect.MySQL5InnoDBDialect
```

🔔注意：spring.jpa.hibernate.ddl-auto 的 update 属性用于根据 model 类自动更新表结构。

（2）声明实体类 UserEntity，代码如下：

```
//定义 UserEntity 类
@Entity
@Table(name="user")                         //表名
@Data
public class UserEntity {
    @Id                                     //声明主键
    //主键 ID 生成策略
    @GeneratedValue(strategy = GenerationType.IDENTITY)
    @Column(name="user_id")                 //对应的列名 user_id
    private Integer userId;
    @Column(name="user_name")               //对应的列名 user_name
    private String userName;
    @Column(name="login_name")              //对应的列名 login_name
    private String loginName;
    @Column(name="last_login_time")         //对应的列名 last_login_time
    private Integer lastLoginTime;
    @Column(name="user_head_img")           //对应的列名 user_head_img
    private String userHeadImg;
}
```

（3）声明 Dao 层的类 UserRepository，该类继承自 JpaRepository，代码如下：

```
//继承 JpaRepository
@Repository
public interface UserRepository extends JpaRepository<UserEntity,
Integer> {
}
```

如果默认情况下无法满足查询需求，可以通过@Query 注解来解决这个问题。例如下面的示例：

```
@Repository
public interface UserRepository extends JpaRepository<UserEntity,
Integer> {
    //自定义查询语句
    @Query(value = "select * from user where user_id = ?", nativeQuery
= true)
    UserEntity queryByUserId(Integer userId);
}
```

如果需要更新，则需要注解@Modifying。

（4）声明 Controller 层的类，代码如下：

```
@RestController
@RequestMapping("/hi")
public class HiController {
    @Autowired
    private UserRepository userRepository;  //注入 UserRepository 对象
    @GetMapping("/jpa/findOne")
    public UserEntity jpaFindOne(Integer userId) {
        //根据 userId 查询
        Optional<UserEntity> optional = userRepository.findById(userId);
        if (optional.isPresent()) {
            return optional.get();
        } else {
            return null;
        }
    }
    @GetMapping("/jpa/findAll")
    public Page<UserEntity> jpaFindAll() {
        //分页查询
        Pageable pageable = PageRequest.of(1,2, Sort.by(Sort.Direction.
DESC,"userId"));
        userRepository.findAll();
        Page<UserEntity> page = userRepository.findAll(pageable);
        return page;
    }
    @PostMapping("/jpa/add")
    public UserEntity jpaAdd(@RequestBody UserEntity userEntity) {
        //新增用户
        UserEntity uEntity = userRepository.save(userEntity);
        return uEntity;
    }
    @PostMapping("/jpa/update")
    public UserEntity jpaUpdate(@RequestBody UserEntity userEntity) {
        //更新语句
        UserEntity uEntity = userRepository.saveAndFlush(userEntity);
        return uEntity;
    }
    @DeleteMapping("/jpa/delete")
    @Transactional
    public String jpaDelete(Integer userId){
        //根据 userId 删除信息
        userRepository.deleteById(userId);
        return "1";
```

```
    }
    @GetMapping("/jpa/query")
    public UserEntity jpaQuery(Integer userId) {
        //自定义查询语句
        UserEntity userEntity = userRepository.queryByUserId(userId);
        return userEntity;
    }
}
```

同样使用 Postman 进行测试，访问 http://localhost:8080/hi/jpa/findAll、http://localhost:8080/hi/jpa/update、http://localhost:8080/hi/jpa/delete?userId=2 接口，完成查询、更新和删除等操作。

4.1.3　Spring Boot 集成 MyBatis

MyBatis 同样是一款优秀的持久层框架，支持使用简单的 XML 文件或注解来配置和映射原生信息，从而将接口和 Java 的 POJO 对象映射成数据库中的记录。

Spring Boot 也提供了 MyBatis 的集成模块，即 mybatis-spring-boot-starter。

（1）通过 MyBatis 提供的 mybatis-generator 插件工具，可以帮助开发人员自动生成 POJO 类、Mapper 文件和 DAO 类。具体的 generatorConfig.xml 配置文件内容如下：

```
<?xml version="1.0" encoding="UTF-8"?>
<!DOCTYPE generatorConfiguration
      PUBLIC "-//mybatis.org//DTD MyBatis Generator Configuration
1.0//EN"
      "http://mybatis.org/dtd/mybatis-generator-config_1_0.dtd">
<generatorConfiguration>
    <context id="MySQL2Tables" targetRuntime="MyBatis3">
    <commentGenerator>
        <property name="suppressAllComments" value="true" />
        <property name="addRemarkComments" value="true" />
    </commentGenerator>
    <!--数据源-->
    <jdbcConnection driverClass="com.mysql.cj.jdbc.Driver"
                    connectionURL="jdbc:mysql://localhost:3306/
test_db?useUnicode=true&amp;characterEncoding=UTF8&amp;character
SetResults=UTF8&amp;serverTimezone=UTC"
                    userId="root"
                    password="test1111">
    </jdbcConnection>
    <javaTypeResolver >
        <property name="forceBigDecimals" value="false" />
    </javaTypeResolver>
    <javaModelGenerator targetPackage="com.example.springboot.
model"
                        targetProject="src/main/java">
        <property name="enableSubPackages" value="false" />
```

```
            <property name="trimStrings" value="true" />
        </javaModelGenerator>
        <sqlMapGenerator targetPackage="com.example.springboot.mapper"
                    targetProject="src/main/resources">
            <property name="enableSubPackages" value="true" />
        </sqlMapGenerator>
        <javaClientGenerator type="XMLMAPPER" targetPackage="com.
example.springboot.mapper"
                    targetProject="src/main/java">
            <property name="enableSubPackages" value="true" />
        </javaClientGenerator>
        <table tableName="user">
        </table>
    </context>
</generatorConfiguration>
```

执行插件命令：

```
mvn org.mybatis.generator:mybatis-generator-maven-plugin:1.3.2:
generate
```

即可生成对应的 User 类、UserMapper.xml 及 UserMapper 类。

（2）生成 Dao 层的类 UserMapper，代码如下：

```
//定义 UserMapper 类
public interface UserMapper {
    long countByExample(UserExample example);
    int deleteByExample(UserExample example);
    int deleteByPrimaryKey(Integer userId);
    int insert(User record);
    int insertSelective(User record);
    List<User> selectByExample(UserExample example);
    User selectByPrimaryKey(Integer userId);
    int updateByExampleSelective(@Param("record") User record, @Param
("example") UserExample example);
    int updateByExample(@Param("record") User record, @Param("example")
UserExample example);
    int updateByPrimaryKeySelective(User record);
    int updateByPrimaryKey(User record);
}
```

（3）在启动类上添加@MapperScan 注解，可以自动注入相关的 mapper 类。具
体代码如下：

```
//扫描 mapper 类
@MapperScan("com.example.springboot.mapper")
```

（4）生成 Controller 层的类 HiController，通过 MyBatis 的方式获取，代码如下：

```
@RestController
@RequestMapping("/hi")
public class HiController {
    @Resource
    private UserMapper userMapper;
    @GetMapping("/mybatis/findOne")
    public User mybatisFindOne(Integer userId) {
```

```
        //查询操作
        User user = userMapper.selectByPrimaryKey(userId);
        return user;
    }
}
```

重新启动应用，在浏览器中访问 http://localhost:8080/hi/mybatis/findOne?userId=1，即可查询对应的信息。

4.2　访问 NoSQL 数据库

与关系型数据库一样，Spring Boot 也提供了对 NoSQL 数据库的集成扩展，如对 Redis 和 MongoDB 等数据库的操作。通过默认配置即可使用 RedisTemplate 和 MongoTemplate 等模板类操作非关系型数据库。

4.2.1　访问 Redis

Redis 可以作为缓存、消息中间件或多类型的 key-value 数据库。作为非关系型数据库，Redis 支持多种类型的存储方式，包括 String（字符串）、List（列表）、Hash（哈希）、Set（集合）和 Sorted Set（有序集合）等。

Spring Boot 为 Redis 提供了基本的自动配置，依赖于 spring-boot-starter-data-redis 包。该包提供了自动配置的 RedisConnectionFactory、StringRedisTemplate 和 Redis-Template 实例。如果不配置，则默认连接 localhost:6379 服务器。

StringRedisTemplate 继承自 RedisTemplate，默认采用 String 的序列化策略。如果使用 RedisTemplate，则可以实现自己的序列化方式。

连接 Redis 可以使用 Lettuce 或 Jedis 客户端。Spring Boot 默认使用 Lettuce 客户端。因为 Lettuce 的连接是基于 Netty 的，所以多线程是安全的。

RedisTemplate 提供了以下 5 种数据结构的操作方法：

- opsForValue：操作字符串类型；
- opsForHash：操作哈希类型；
- opsForList：操作列表类型；
- opsForSet：操作集合类型；
- opsForZSet：操作有序集合类型。

下面给出一个集成了 Redis 操作的简单示例。

（1）在 application.yml 配置文件中添加配置，代码如下：

```
spring:
  redis:
    host: localhost
    port: 6379
    password: redistest
    timeout: 1000
    lettuce:
      pool:
        max-active: 10            //①
        max-wait: 1000            //②
        max-idle: 2               //③
        min-idle: 0               //④
```

注释①：连接池的最大连接数。

注释②：连接池的最大阻塞等待时间。

注释③：连接池中的最大空闲连接数。

注释④：连接池中的最小空闲连接数。

（2）在 Controller 类中注入 StringRedisTemplate 实例，代码如下：

```
@RestController
@RequestMapping("/hi")
public class HiController {
    //自动注入 StringRedisTemplate
    @Autowired
    private StringRedisTemplate stringRedisTemplate;
    @GetMapping("/redis/add")
    public String redisAdd(int id) {
        //Redis set 操作
        stringRedisTemplate.opsForValue().set("redis_test_"+id, "redis
test!");
        return "1";
    }
    @GetMapping("/redis/query")
    public String redisQuery(int id) {
        //Redis get 操作
        String val = stringRedisTemplate.opsForValue().get("redis_
test_"+id);
        return val;
    }
    @GetMapping("/redis/delete")
    public String redisDelete(int id) {
        //Redis delete 操作
        stringRedisTemplate.delete("redis_test_"+id);
        return "1";
    }
}
```

访问接口 http://localhost:8080/hi/redis/add?id=1，可以在 Redis 中添加一个 String 类型的数据；访问接口 http://localhost:8080/hi/redis/query?id=1，可以查询一个 String 类型的数据；访问接口 http://localhost:8080/hi/redis/delete?id=1，可以删除 Redis 数据。

4.2.2　访问 MongoDB

MongoDB 是一个开源的 NoSQL 文档型数据库，使用类 JSON 结构代替传统的基于表结构的关系型数据库。spring-boot-starter-data-mongodb 模块提供了可以操作 MongoDB 的 MongoTemplate 模板类。

Spring Boot 自动配置 org.springframework.data.mongodb.MongoDatabaseFactory 类，默认连接 mongodb://localhost/test 库。同样，也可以自定义一个 MongoClient 来代替 MongoDatabaseFactory 类。

下面给出一个集成 MongoDB 操作的简单示例。

（1）在 application.yml 配置文件中添加 MongoDB 配置，具体代码如下：

```
spring:
  data:
    mongodb:
      host: localhost
      port: 27017
      database: user
      username: root
      password: test1111
      authentication-database: admin
```

（2）注入 MongoTemplate 实例，代码如下：

```
@RestController
@RequestMapping("/hi")
public class HiController {
    @Autowired
    private MongoTemplate mongoTemplate;       //自动注入 MongoTemplate
    @GetMapping("/mongo/add")
    public Document mongoAdd(String id) {
        BasicDBObject db = new BasicDBObject();
        db.put("_id", new ObjectId(id));
        //插入操作
        mongoTemplate.insert(db, "pages");
        MongoCollection<Document> collection = mongoTemplate.
getCollection("user");
        Document document = collection.find(db).first();
        return document;
    }
    @GetMapping("/mongo/query")
    public Document mongoQuery(String id) {
        BasicDBObject db = new BasicDBObject();
        db.put("_id", new ObjectId(id));
        MongoCollection<Document> collection = mongoTemplate.
getCollection("user");
        //查询操作
Document document = collection.find(db).first();
        return document;
```

```
        }
    }
```

访问接口 http://localhost:8080/hi/mongo/query?id=5a717aa60837d974f4b4a5，即可查询相关的数据。

4.3 Caching 缓存

缓存在现代应用中无处不在，它为服务的高可用提供了很大的帮助。Spring 框架提供了对缓存的支持。Spring Boot 通过@EnableCaching 注解开启全局服务缓存功能。对于某个服务类方法的返回值缓存，可以采用@Cacheable 注解实现。spring-boot-starter-cache 模块集成了现有的一些缓存框架，如 EhCache 和 Couchbase 等。

4.3.1 访问 EhCache

EhCache 是一个常用的缓存框架，可以通过配置文件 ehcache.xml 生成 EhCache-CacheManager。Spring Boot 的配置文件内容如下：

```
spring:
  cache:
    ehcache:
      config: classpath:ehcache.xml
    type: ehcache
```

配置文件 ehcache.xml 的内容如下：

```
<ehcache>
    <diskStore path="java.io.tmpdir"/>
    <defaultCache
        maxElementsInMemory="10000"
        eternal="false"
        timeToIdleSeconds="6000"
        timeToLiveSeconds="6000"
        overflowToDisk="false"
        diskPersistent="false"
        diskExpiryThreadIntervalSeconds="120"
        memoryStoreEvictionPolicy="LRU"
    />
    <cache name="testCache"
        maxElementsInMemory="10000"
        overflowToDisk="false"
        eternal="false"
        timeToLiveSeconds="72000"
        timeToIdleSeconds="72000"
        diskPersistent="false"
        diskExpiryThreadIntervalSeconds="600"
```

```
            memoryStoreEvictionPolicy="LRU"
    />
</ehcache>
```

下面是一个具体的示例：

```
@Service
public class UserService {
    @Autowired
    private UserDao userDao;
    //缓存返回数据
    @Cacheable(value="user")
    public User findOne(Integer userId){
        return userDao.findOne(userId);
    }
    //清除缓存
    @CacheEvict(value="user")
    public String delete(Integer userId){
        return userDao.delete(userId);
    }
    //缓存结果
    @CachePut(value="userAll")
    public List<User> findAll(){
        return userDao.findAll();
    }
}
```

以上代码中 3 个注解的作用如下：

- @Cacheable：缓存结果，只执行一次方法，下一次不会调用方法，直接返回缓存结果。
- @CachePut：可以根据参数进行缓存，与@Cacheable 不同的是，不判断缓存中是否有之前执行的结果，每次都会调用方法。
- @ CacheEvict：从缓存中删除响应的数据。

4.3.2　访问 Couchbase

Couchbase 是一个面向文档的分布式和多模型开源数据库，主要用于交互式应用程序。Spring Boot 为 Couchbase 提供了自动配置，Spring Data 为 Couchbase 提供了抽象封装。Spring Boot 提供了 Couchbase 的 Starter，即 spring-boot-starter-data-couchbase。

由于 Couchbase 是存放在内存中，所以读取速度非常快。Couchbase 还自带集群方案，支持多副本和持久化，可以满足系统的高可用方案。

Spring Boot 集成 Couchbase 的配置示例如下：

```
spring:
  couchbase:
    bootstrap-hosts: localhost
```

```
        username: admin
        password: 123456
        bucket:
          name: test
          password: 123456
        env:
          timeouts:
            connect: 30000
            query: 2000
```

Spring Boot 通过 CouchbaseTemplate 模板类操作数据库。

4.4 远程调用

后端服务开发一般会远程调用第三方接口，Spring Boot 也整合了远程 REST 服务调用方式。开发人员可以通过自定义配置定义 RestTemplate 类和 WebClient 类，从而进行第三方接口调用操作。

4.4.1 调用 RestTemplate

由于 Spring Boot 不提供 RestTemplate 自动配置，因此可以使用 RestTemplate-Builder 来创建 RestTemplate 实例，代码如下：

```
@Service
public class MyService {
    private final RestTemplate restTemplate;
    public MyService(RestTemplateBuilder restTemplateBuilder) {
        //创建 RestTemplate
        this.restTemplate = restTemplateBuilder.build();
    }
    public Details someRestCall(String name) {
        //请求调用
        return this.restTemplate.getForObject("/{name}/details",
Details.class, name);
    }
}
```

还可以通过自定义 SimpleClientHttpRequestFactory 的方式创建 RestTemplate，代码如下：

```
@Configuration
public class RestTemplateConfig {
    @Bean
    public RestTemplate restTemplate(ClientHttpRequestFactory factory) {
        return new RestTemplate(factory);   //创建 RestTemplate
    }
    @Bean
```

```
    public ClientHttpRequestFactory simpleClientHttpRequestFactory() {
        SimpleClientHttpRequestFactory factory = new SimpleClient
HttpRequestFactory();
        factory.setConnectTimeout(15000);      //设置连接超时
        factory.setReadTimeout(5000);          //设置读取超时
        return factory;
    }
}
```

4.4.2   调用 WebClient

Spring 框架从 5.0 开始引入了 WebFlux，如果是 WebFlux 工程，可以使用 WebClient
类进行远程 REST 服务调用。相比 RestTemplate，WebClient 的功能更多，并且是纯
异步交互的。在 Spring Boot 中推荐使用 WebClient.Builder 新建 WebClient 实例。

改造 4.4.1 节中的例子，代码如下：

```
@Service
public class MyService {
    private final WebClient webClient;
    public MyService(WebClient.Builder webClientBuilder) {
        //创建 WebClient
        this.webClient = webClientBuilder.baseUrl("https://example.
org").build();
    }
    public Mono<Details> someRestCall(String name) {
        //通过 WebClient 进行调用
        return this.webClient.get().uri("/{name}/details", name)
                    .retrieve().bodyToMono(Details.class);
    }
}
```

通过自定义生成 WebClient，代码如下：

```
//自定义 WebClient
@Data
@Configuration
@ConditionalOnProperty(name = "httpClient.connect.timeout")
public class WebClientConfig {
    @Value("${httpClient.connect.timeout:2000}")
    private int connectTimeOut;
    @Value("${httpClient.read.timeout:2000}")
    private int readTimeOut;
    @Value("${httpClient.write.timeout:2000}")
    private int writeTimeout;
    @Value("${httpClient.retry.times:2}")
    private int retryTimes;
    @Value("${httpClient.connpool.maxConns:16}")
    private int maxConns;
    @Value("${httpClient.connpool.workCounts:16}")
    private int workCounts;
    @Value("${httpClient.connpool.acquireTimeOut:1000}")
```

```
        private int acquireTimeOut;

    //声明 ReactorResourceFactory
    @Bean
    @Primary
    public ReactorResourceFactory resourceFactory() {
        ReactorResourceFactory factory = new ReactorResourceFactory();
        factory.setUseGlobalResources(false);
        factory.setConnectionProvider(ConnectionProvider.builder
("httpClient").metrics(true).maxConnections(maxConns)
            .pendingAcquireTimeout(Duration.ofMillis(acquireTimeOut)).
build());
        factory.setLoopResources(LoopResources.create("httpClient",
workCounts, true));
        return factory;
    }
    //定义 Retry 策略
    @Bean
    @Primary
    @RefreshScope
    public Retry<?> retry() {
        return Retry.anyOf(ReadTimeoutException.class, ConnectTimeout
Exception.class, WebClientResponseException.class)
            .fixedBackoff(Duration.ZERO)
            .retryMax(retryTimes)                    //retry 次数
            .doOnRetry((exception) -> {              //异常日志
                log.warn("Retried ,Exception is {}" + exception);
            });
    }
    //定义 WebClient
    @Bean
    @Primary
    @RefreshScope
    public WebClient webClient(WebClient.Builder builder,Reactor
ResourceFactory resourceFactory) {
        Function<HttpClient, HttpClient> mapper = client ->
            client.tcpConfiguration(tcpClient ->
                tcpClient.option(ChannelOption.CONNECT_TIMEOUT_
MILLIS, connectTimeOut)                         //创建连接超时时间
                    .option(ChannelOption.TCP_NODELAY, true)
                    //连接策略
                    .doOnConnected(connection -> {
                        connection.addHandlerLast(new Read
TimeoutHandler(readTimeOut, TimeUnit.MILLISECONDS));
                        connection.addHandlerLast(new Write
TimeoutHandler(writeTimeout, TimeUnit.MILLISECONDS));
                    }))
                .headers(headerBuilder -> {     //设置 header 属性
                    headerBuilder.set("Accept-Charset", "utf-8");
                    headerBuilder.set("Accept-Encoding", "gzip,
x-gzip, deflate");
                    headerBuilder.set("ContentType", "text/plain;
charset=utf-8");
                }).keepAlive(true);
```

```
        ClientHttpConnector connector = new ReactorClientHttpConnector
(resourceFactory, mapper);
        return builder.clientConnector(connector).build();
    }
}
```

4.5　总　　结

　　本章主要介绍了 Spring Boot 如何集成数据库，以及与服务调用有关的知识。不管是关系型数据库还是非关系型数据库或缓存数据库，都在 Java 应用系统中有着广泛的应用。Spring Boot 作为流行的开发框架，对数据库的操作进行了整合，规范了数据库的连接等操作。开发人员通过 Spring Boot 提供的各种 XXXTemplate 模板类，便可直接使用默认方法完成大部分的增、删、改、查等基本操作，让开发工作更加方便和高效。

第 5 章　配置中心与服务发现

对于单机服务来说,可以采用 application.yml 配置文件的方式,抽取代码中固定配置的数据或者可能发生变化的配置数据,将其保存到配置文件中。如果配置有变化,则开发人员需要重新修改文件、编译打包及部署。随着微服务概念的兴起,服务被拆分成多个,每个服务又进行集群管理,分别部署在不同的环境中,如果用配置文件的方式进行配置数据的修改,则显得更加复杂。此时就需要一套配置中心管理平台,该平台可以区分不同环境和不同集群,并可以动态下发,实时生效,同时还可以支持灰度和回滚等功能。通过将烦琐的配置操作封装到配置中心,使开发人员只需专注于业务代码,显著提升了开发效率及运维效率。将配置和发布解耦,能进一步提升发布的成功率,并为运维的细粒度管控、应急处理等提供强有力的支撑。

服务发现也是微服务开发中必不可少的组件之一。多个服务之间依赖复杂,如何统一管理服务是开发中需要面临的问题。通过服务发现组件提供的服务注册中心,可以将各个服务实例注册到服务注册中心上。当客户端访问服务发现组件时,先获取服务实例,然后再进行服务调用,使客户端和真实服务解耦,通过服务发现组件来完成服务的查询。本章将重点讲解微服务开发中常用的配置中心与服务发现组件。

5.1　配置中心组件

本节主要介绍当前比较成熟的一些开源配置中心组件,包括 XXL-CONF、Apollo 和 Spring Cloud Config。以上 3 个组件都可以在 GitHub 上找到源码,其中,XXL-CONF 和 Apollo 是国产开源组件,都带有管理平台页面,操作直观,Spring Cloud Config 是 Spring Cloud 家族提供的配置方式,它基于 git 仓库存储配置文件,没有提供 Web 管理界面。

5.1.1　XXL-CONF 组件简介

XXL-CONF 是一个轻量级的分布式配置管理平台,具有轻量级、秒级动态推送、多环境部署、跨机房部署、动态监听配置、权限控制和版本快速回滚等多种特性，可以开箱即用。

- 轻量级：接入灵活，快速上手，不依赖于第三方服务，部署简单。
- 高可用：支持集群部署和跨机房部署，提供 Web 管理界面，直观、高效。
- 多环境：配置可以在测试环境和线上环境等多种环境中进行。
- 多数据类型：可以对不同的数据类型进行配置。
- 高性能：基于配置中心的磁盘存储及客户端本地缓存，数据可实时更新。
- 灵活配置：支持 API、注解和 XML 占位符的方式。
- 权限控制：多项目隔离及用户权限控制。
- 版本回滚：记录 10 个历史版本，支持历史版本回滚。

XXL-CONF 的整体架构如图 5.1 所示。

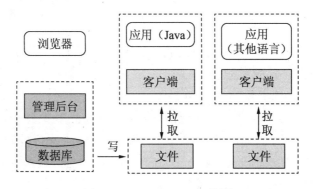

图 5.1　XXL-CONF 架构图

XXL-CONF 配置管理平台主要由以下几部分组成：

- 管理平台：一个功能完善的配置平台后台管理页面，包括环境、用户、项目和配置等管理功能，通过简单的 UI 页面完成操作管理。
- 管理平台数据存储：存储配置信息的备份和版本修改记录等，保证数据的安全，同时存储管理平台的底层数据。
- 配置数据的磁盘存储：配置中心在每个集群节点的磁盘中存储着一份镜像数据，当进行配置新增和更新等操作时，将会广播通知并实时刷新每个集群节点磁盘中的配置数据，再实时发送通知给接入的客户端。

XXL-CONF 客户端的架构如图 5.2 所示。客户端的四层设计如下：

- API 接口层：提供了开放的 API 接口，业务方可以直接使用，简单、方便，同时还能保证配置的高效和实时性。
- 本地缓存层：客户端采用本地缓存可以极大地提高 API 接口层的性能，从而降低对配置中心集群的访问压力。首次读取配置信息、监听配置信息的变更以及异步或同步配置时，都将配置信息写入缓存中或对缓存进行更新。

- 镜像文件层：配置信息的本地快照文件，会周期性地同步本地缓存层中的配置信息并将其写入镜像文件中。当应用无法从配置中心获取配置数据时，将会使用镜像文件中的配置数据，这样可以提高系统的高可用性。

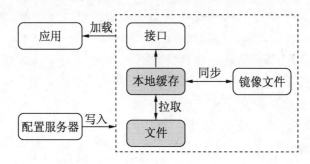

图 5.2　XXL-CONF 客户端

- 远程层：配置中心远程客户端的封装，用于加载远程配置，实时监听配置变更情况，提高配置的时效性。

下面搭建 XXL-CONF 配置中心管理平台。

（1）使用 git clone https://github.com/xuxueli/xxl-conf.git 命令拉取项目到本地，然后获取数据库的初始化 SQL 脚本并执行，路径为 xxl-conf/doc/db/xxl-conf.sql。

（2）修改配置文件/xxl-conf/xxl-conf-admin/src/main/resources/application.properties，并配置本地 MySQL 路径。具体配置如下：

```
spring.datasource.url=jdbc:mysql://127.0.0.1:3306/xxl-conf?Unicode
=true&characterEncoding=UTF-8
xxl.conf.confdata.filepath=/data/xxl-conf/confdata
xxl.conf.access.token=
```

（3）项目编译打包后可直接通过命令行 java-jar xxl-conf-admin.jar 启动。启动后打开管理页面，分别进行用户管理、项目管理、环境管理和配置管理的设置，具体操作如图 5.3 至图 5.6 所示。

图 5.3　用户管理页面

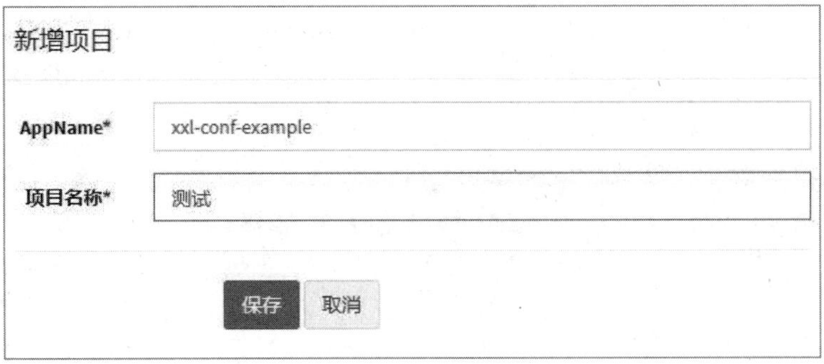

新增项目

AppName*	xxl-conf-example
项目名称*	测试

保存　取消

图 5.4　项目管理页面

新增环境

Env*	dev
环境名称*	开发环境
顺序*	1

保存　取消

图 5.5　环境管理页面

新增配置

环境	test	
KEY	test.	username
描述	测试用户名	
VALUE	zhangsan	

保存　取消

图 5.6　配置管理页面

（4）在项目中引入 XXL-CONF。修改项目的 application.yml 文件，配置 XXL-CONF 信息，具体代码如下：

```
xxl:
  conf:
    admin:
      address: http://localhost:8080/xxl-conf-admin
    env: test
    access:
      token:
    mirrorfile: /data/xxl-conf/xxl-conf-mirror.properties
```

（5）在项目中添加自动配置类 XxlConfConfig，代码如下：

```
//配置 XXL-CONF
@Configuration
public class XxlConfConfig {
    @Value("${xxl.conf.admin.address}")
    private String adminAddress;
    @Value("${xxl.conf.env}")
    private String env;
    @Value("${xxl.conf.access.token}")
    private String accessToken;
    @Value("${xxl.conf.mirrorfile}")
    private String mirrorfile;

    //定义 XxlConfGactory
    @Bean
    public XxlConfFactory xxlConfFactory() {
        XxlConfFactory xxlConf = new XxlConfFactory();
        xxlConf.setAdminAddress(adminAddress);   //管理后台路径
        xxlConf.setEnv(env);                      //运行环境
        xxlConf.setAccessToken(accessToken);      //设置 Token
        xxlConf.setMirrorfile(mirrorfile);        //设置镜像文件
        return xxlConf;
    }
}
```

（6）客户端获取配置信息。有 3 种获取配置数据的方式，分别为使用客户端 API、注解@XxlConf 和 XML 占位符。本例采用注解方式，代码如下：

```
@XxlConf("default.userName")
public String userName;
```

（7）XXL-CONF 提供了监听 Listener，用于监听配置的变更事件，代码如下：

```
//监听处理
XxlConfClient.addListener("default.userName", new XxlConfListener(){
    @Override
    public void onChange(String key, String value) throws Exception {
        logger.info("配置数据发送变更：{}={}", key, value);
    }
});
```

5.1.2　Apollo 组件简介

Apollo（阿波罗）是携程公司开源的一款分布式配置管理中心，可以集中管理不同环境下的应用配置信息。配置数据修改后，可以将其实时推送到服务端。Apollo同时还提供了权限管理和发布流程管理功能，适用于各种需要配置管理的场景，支持应用（Application）、环境（Environment）、集群（Cluster）和命名空间（Namespace）4 个维度的配置。

Apollo 具有以下特性：

- 提供统一的管理页面，可以管理不同的环境和集群。
- 可以使配置实时生效。
- 应用部署的发布与版本回滚。
- 可以对配置进行权限管理。

Apollo 的整体架构如图 5.7 所示。

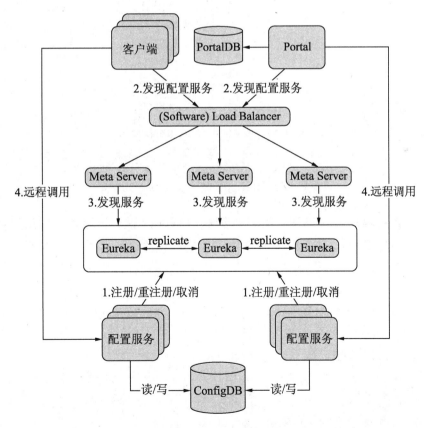

图 5.7　Apollo 架构图

图 5.7 中的 Apollo 主架构主要分为以下几部分：

- 配置服务（Config Service）：提供读取、推送配置数据等功能，主要为 Apollo 客户端服务。
- 后台页面服务（Admin Service）：提供 UI 页面，可以修改和发布配置数据，服务对象是 Apollo Portal（管理界面）。
- 注册发现服务（Eureka）：集成了 Eureka，主要用于服务的注册和发现。
- 元数据服务（Meta Server）：封装了 Eureka 的服务发现接口。

从上往下可以看到，客户端首先访问 Meta Server 获取配置服务列表（IP+Port），然后直接通过 IP+Port 的方式访问服务，同时在客户端进行负载均衡、错误重试等操作，后台管理页面通过访问 Meta Server，获取 Admin Service 进行配置数据修改等操作。

Apollo 的客户端架构如图 5.8 所示。

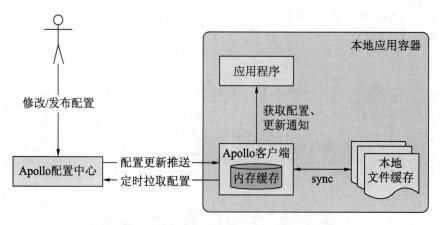

图 5.8　Apollo 客户端架构图

Apollo 客户端的实现原理：客户端和服务端维持一个长连接，用来快速获取配置数据修改的推送通知。客户端定时从 Apollo 配置中心服务端获取应用的最新配置，然后将配置数据保存在本地内存中进行缓存，同时在本地磁盘也缓存一份。

下面讲解 Apollo 的搭建过程。

（1）Apollo 提供了 Quick Start，从 https://github.com/nobodyiam/apollo-build-scripts.git 上下载工程例子，并执行相关 SQL 语句。

（2）修改数据库配置数据，具体如下：

```
apollo_config_db_url=jdbc:mysql://localhost:3306/ApolloConfigDB?
characterEncoding=utf8
apollo_config_db_username=用户名
apollo_config_db_password=密码
```

```
apollo_portal_db_url=jdbc:mysql://localhost:3306/ApolloPortalDB?
characterEncoding=utf8
apollo_portal_db_username=用户名
apollo_portal_db_password=密码
```

（3）执行脚本./demo.sh start 启动服务，访问 http://localhost:8070，输入用户名 apollo 和密码 admin 后登录，其主页面如图 5.9 所示。

（4）主页面中展示了配置信息，如图 5.10 所示。

图 5.9　Apollo 管理主页面　　　　　　　图 5.10　Apollo 配置信息

（5）如果本地服务想要接入 Apollo 平台，则需要配置相关属性，例如：

```
app.id=YOUR-APP-ID
apollo.meta=http://config-service-url
apollo.cacheDir=/opt/data/some-cache-dir
env=DEV
apollo.cluster=SomeCluster
apollo.accesskey.secret=1cf998c4e2ad4704b45a98a509d15719
apollo.bootstrap.enabled = true
apollo.bootstrap.namespaces = application,FX.apollo,application.yml
```

（6）Apollo 提供了多种方式获取配置数据。下面采用 Spring Boot 配置注解的方式获取，代码如下：

```
public class TestApolloAnnotationBean {
  @ApolloConfig
  private Config config;                    //注入配置
  @ApolloConfig("application")
  private Config anotherConfig;             //通过 applicationg 命名注入
  @ApolloConfig("FX.apollo")
  private Config yetAnotherConfig;          //通过 FX.apollo 命名注入
  @ApolloConfig("application.yml")
  private Config ymlConfig;                 //通过 application.yml 注入

  @ApolloJsonValue("${jsonBeanProperty:[]}")
  private List<JsonBean> anotherJsonBeans;

  @Value("${batch:100}")
  private int batch;

  //配置监听
```

```
  @ApolloConfigChangeListener
  private void someOnChange(ConfigChangeEvent changeEvent) {
    //修改属性
    if (changeEvent.isChanged("batch")) {
      batch = config.getIntProperty("batch", 100);
    }
  }

  //配置监听
@ApolloConfigChangeListener("application")
  private void anotherOnChange(ConfigChangeEvent changeEvent) {
    //do something
  }

  //监听配置
  @ApolloConfigChangeListener({"application", "FX.apollo",
"application.yml"})
  private void yetAnotherOnChange(ConfigChangeEvent changeEvent) {
    //do something
  }

  //获取配置
  public int getTimeout() {
    return config.getIntProperty("timeout", 200);
  }

  //获取配置
  public int getBatch() {
    return this.batch;
  }

  private static class JsonBean{
    private String someString;
    private int someInt;
  }
}
```

（7）新建配置类 AppConfig，生成 TestApollAnnotationBean 实例，具体代码如下：

```
@Configuration
@EnableApolloConfig
public class AppConfig {
  @Bean
  public TestApolloAnnotationBean testApolloAnnotationBean() {
    return new TestApolloAnnotationBean();
  }
}
```

5.1.3 Spring Cloud Config 组件简介

Spring Cloud Config 是 Spring Cloud 家族的一个开源组件，它为分布式系统提供配置支持，通过配置中心管理微服务所有环境下的配置信息。Spring Cloud Config

默认采用 Git 作为配置中心，其主要特性如下：

- 提供对服务端和客户端的支持。
- 进行集中式的配置管理。
- 与 Spring Boot 和 Spring Cloud 应用无缝集成。
- 默认基于 Git 进行版本管理。

Spring Cloud Config 架构如图 5.11 所示。

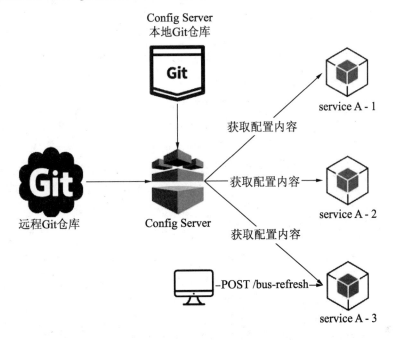

图 5.11　Spring Cloud Config 架构

接下来介绍基于 Spring Cloud Config 配置中心的搭建过程。

（1）首先在个人 GitHub 网站上新建自己的仓库，本例中的仓库名为 config-repo，然后在仓库中新建 4 个配置文件。

config-client.yml 文件内容如下：

```
#定义属性
name: config-client-default
```

config-client-dev.yml 文件内容如下：

```
#定义属性
name: config-client-dev
```

config-client-test.yml 文件内容如下：

```
#定义属性
name: config-client-test
```

config-client-prod.yml 文件内容如下：

```
#定义属性
name: config-client-prod
```

（2）搭建 config-server 工程，依赖 spring-cloud-config-server 包，代码如下：

```xml
<dependency>
    <groupId>org.springframework.cloud</groupId>
    <artifactId>spring-cloud-config-server</artifactId>
    <version>2.2.5.RELEASE</version>
</dependency>
```

（3）修改 config-server 工程的配置文件 application.yml，在其中添加 Git 仓库配置，具体如下：

```yaml
spring:
  cloud:
    config:
      server:
        git:
          uri: https://github.com/xxx/config-repo
          username: test
          password: 123456
          default-label: master
```

（4）在启动类中添加注解@EnableConfigServer，使启动服务后即可访问配置文件。访问配置文件有一定的规则，具体如下：

```
/{application}/{profile}[/{label}]
/{application}-{profile}.yml
/{label}/{application}-{profile}.yml
/{application}-{profile}.properties
/{label}/{application}-{profile}.properties
```

其中，{application}为应用名称，{profile}为环境配置，{label}为 Git 的分支。

访问 4 个 URL：http://localhost:8080/config-client/default、http://localhost:8080/config-client/dev/master、http://localhost:8080/config-client-test.yml 和 http://localhost:8080/master/config-client-prod.yml，均可以获取配置数据。

（5）搭建客户端工程 config-client，依赖 spring-cloud-starter-config 包，然后修改 bootstrap.yml 文件，代码如下：

```yaml
spring:
  cloud:
    config:
      name: config-client
      uri: http://localhost:8080
      label: master
      profile: dev
```

（6）新建 Controller 类访问配置数据，代码如下：

```
@RestController
public class ConfigController {
    @Value("${name}")
    private String name;
    @GetMapping("/name")
    public String getName() {
        return name;
    }
}
```

启动服务访问接口即可获取 name 配置数据。本节只介绍了 Spring Cloud Config 的基本配置，如果想实现动态地修改配置，可以结合 Webhook 或者 Spring Cloud Bus 进行配置修改的实时刷新。

5.2　服务注册与发现

微服务应用通常是基于分布式集群部署的，当集群实例达到一定数量时，就不得不做服务治理了。将微服务实例集中管理，需要一个服务注册中心与服务发现组件。微服务实例启动后自动注册到注册中心组件中，注册中心维护与实例的连接关系，所有的实例列表用于服务发现。服务发现可以分为客户端模式与服务端模式。客户端模式首先从服务注册中心获取服务列表，然后在客户端进行服务调用；服务端模式则直接向服务注册中心发送请求，服务注册中心直接调用服务实例并返回结果。本节主要介绍服务注册与发现组件 Eureka 和 Consul 的功能。

5.2.1　Eureka 组件简介

Eureka 是 Netflix 公司开源的用于服务注册和发现的框架。从 2018 年 7 月份开始，Netflix 宣布不再维护 Eureka 开源代码。但是 Spring Cloud 集成了 Eureka 到子项目 spring-cloud-netflix 中，以实现 Spring Cloud 的服务发现功能。

Eureka 分为 Eureka Server 端与 Eureka Client 端。Eureka Server 端提供服务注册功能，微服务启动后，调用注册接口进行服务注册；Eureka Server 端还会维护所有可用的服务节点信息，同时提供页面，可以查看注册过的服务。Eureka Client 端提供与 Eureka Server 端的交互，它内嵌在微服务中，向 Eureka Server 端发送心跳检测，提供注册和续租等服务。

Eureka 架构如图 5.12 所示。

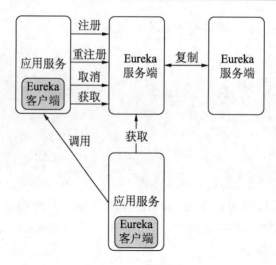

图 5.12　Eureka 架构

下面列举一个简单的 Eureka 使用示例。

（1）创建一个 eureka-server 工程,应用需要依赖 spring-cloud-starter-netflix-eureka-server 包，修改配置文件如下：

```
eureka:
  client:
    register-with-eureka: false
    fetch-registry: false
    serviceUrl:
      defaultZone: http://localhost:8080/eureka/
```

（2）在启动类中添加注解@EnableEurekaServer，然后启动工程。

（3）新建客户端工程 eureka-client，应用需要依赖 spring-cloud-starter-netflix-eureka-client 包，修改配置文件如下：

```
eureka:
  client:
    service-url:
      defaultZone: http://localhost:8080/eureka/
```

（4）在启动类中添加注解@EnableDiscoveryClient，然后启动工程，访问 Eureka 界面即可看到客户端已经注册到服务端了。

5.2.2　Consul 组件简介

Consul 是 HashiCorp 公司推出的开源软件，也可以实现服务注册与服务发现的功能。Consul 主要有以下几种特性：

- 服务发现：服务通过 Consul 客户端注册到 Consul 服务端，然后可以通过 Consul

服务端进行服务发现查询。

- 健康检查：Consul 客户端可以对服务提供相应的健康检查。
- 数据存储：Consul 提供了 Key/Vaule 存储方式，应用程序可以设置相关的配置数据。
- 多数据中心：不依赖其他第三方工具即可使用多数据中心。

Consul 可分为 Server 端和 Client 端两种角色。Server 端保存配置、选举和维护状态等复杂的逻辑，Client 端负责转发请求到服务端。

Consul 使用时需要自己安装，步骤如下：

（1）在官网下载 Consul，网址为 https://www.consul.io/downloads.html，然后需要在 PATH 环境变量中添加安装目录。

（2）执行 consul --version 命令查看版本，本例使用的是 1.8.4 版本。

（3）想使用 Consul，需要启动 Agent。有两种启动方式，一种是 server 方式，一种是 client 方式。执行命令如下：

```
consul agent -server -ui -bootstrap-expect=3 -data-dir=/data/consul
-node=server-1 -client=0.0.0.0 -bind=127.0.0.1 -datacenter=dc1
```

（4）启动 Agent 后，访问 Consul 的后台管理页面 http://localhost:8500/，如图 5.13 所示。

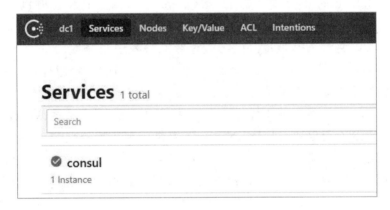

图 5.13　Consul 后台管理页面

（5）Spring Boot 整合 Consul 需要依赖 spring-cloud-starter-consul-discovery 包。另外，spring-boot-starter-actuator 可以提供健康检查。

（6）修改 Spring Boot 项目的 application.yml 配置文件如下：

```
spring:
  cloud:
    consul:
      host: 127.0.0.1
      port: 8500
```

```
        discovery:
          service-name: ${spring.application.name}
          tags: test=consul
          healthCheckPath: /health
          healthCheckInterval: 15s
```

（7）添加@EnableDiscoveryClient 注解完成注册，此时可以通过带有负载均衡的 LoadBalancerClient 客户端获取实例。

5.3　Nacos 组件

本节将介绍阿里巴巴公司的开源组件 Nacos。它具有简单、易用的特性，可以实现服务的发现、配置和管理等功能。Nacos 的核心功能是服务，可以以此为中心提供配置等服务的基础设施平台。

5.3.1　Nacos 组件简介

Nacos 作为开源的配置管理组件，可以无缝支持 Spring Boot、Spring Cloud、Apache Dubbo 和 Kubernetes 等主流的开源生态。Nacos 的特性主要包括：

- 服务注册与发现：Nacos 提供了多种方式注册微服务，如 SDK 和 OpenAPI 等，消费者可以通过 API 或 Client 方式进行服务发现与获取。
- 服务健康检查：Nacos 提供对注册的服务进行实时健康检查的功能，以阻止向不健康服务实例或主机发送请求。Nacos 支持 TCP 或 HTTP 方式的健康检查。对于云环境下的服务健康检查，Nacos 提供了 Agent 上报模式和服务端主动检测两种健康检查模式。此外，Nacos 还提供了健康检查仪表盘，帮助查看管理服务的可用性及流量。
- 服务可动态配置：Nacos 可以动态管理所有环境下的服务配置。动态的配置方式使配置修改时无须重新部署，让配置管理变得更加方便和高效。Nacos 提供了简单、易用的 UI 界面，可以帮助开发者管理所有的服务或程序的配置数据。管理平台提供了版本跟踪、一键回滚配置等一系列开箱即用的特性，能够更安全地在生产环境中变更配置信息。
- 动态 DNS 服务：动态 DNS 服务支持权重路由，可以方便地实现中间层负载均衡、路由策略、流量控制以及数据中心内网的简单 DNS 解析服务。
- 服务的元数据管理：Nacos 管理所有服务的元数据，包括服务的描述信息、健康状态及生命周期等。

Nacos 架构如图 5.14 所示。

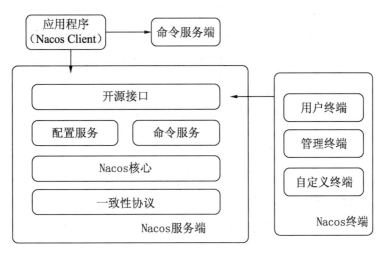

图 5.14　Nacos 架构

Nacos 提供了配置服务与服务管理的功能，同时提供了简单的 UI 界面。想要深入理解 Nacos，还需要理解 Nacos 的一些基本概念。

1．配置

在开发过程中，开发者通常会将一些固定的或变更的参数与变量从代码中抽离出来，一般是放在独立的文件中，如放在 properties 或 YAML 文件中，这些都属于配置信息。将不同环境的配置信息放在不同的文件中可以起到隔离作用，不会引起开发混乱。

2．命名空间

命名空间（Namespace）可以粗粒度地配置隔离。不同的命名空间可以存在相同的组（Group）或 Data ID 的配置。Namespace 的常用场景可以区分不同环境的配置，如对开发（dev）环境、测试（test）环境和生产（pro）环境的配置进行隔离。

3．配置集ID

配置集 ID（Data ID）也是划分配置的维度之一。Data ID 通常是一个系统或者某个应用下的多个配置项的集合。Data ID 通常采用${prefix}-${spring.profiles.active}.${file-extension}的命名方式。

4．配置分组

Nacos 中的一组配置集是组织配置的维度之一。当在 Nacos 上创建一个配置时，默认的配置分组（Group）名称为 DEFAULT_GROUP。配置分组通常以机房为区分粒度。

5．服务

服务实际上是指一个应用服务。Nacos 支持主流的服务生态，如 Spring Boot、Spring Cloud、gRPC、Dubbo 和 Kubernetes Service。

6．服务注册中心

服务注册中心是服务及元数据的数据库。服务在启动时会注册到服务注册表中，在关闭时会被注销。消费服务可以通过服务注册表查找服务的可用实例，实现服务的发现与实例获取。

7．服务元数据

服务元数据是指服务端点（Endpoints）、服务标签、服务版本号、服务实例权重、路由规则和安全策略等描述服务的数据。

5.3.2　快速搭建 Nacos

搭建 Nacos 有两种方式，一种是从 GitHub 上下载源码，另一种是直接下载稳定版本的 zip 包。

下载源码的执行命令如下：

```
git clone https://github.com/alibaba/nacos.git
cd nacos/
mvn -Prelease-nacos -Dmaven.test.skip=true clean install -U
ls -al distribution/target/
cd distribution/target/nacos-server-$version/nacos/bin
```

直接在官网上下载 nacos-server-$version.zip 包的执行命令如下：

```
unzip nacos-server-$version.zip
cd nacos/bin
```

或者用如下命令：

```
tar -xvf nacos-server-$version.tar.gz
cd nacos/bin
```

启动命令如下：

```
sh startup.sh -m standalone
```

或者采用 JAR 包的方式启动，命令如下：

```
java -Dnacos.standalone=true -jar nacos-server.jar
```

启动之后的页面如图 5.15 所示。

图 5.15　Nacos 主页面

通过主页面左侧的菜单栏可以看到，Nacos 提供了配置管理、服务管理、权限控制、命名空间及集群管理等功能。

5.3.3　Spring Boot 集成 Nacos

Nacos 为 Spring Boot 的使用者提供了 Starter，即 nacos-config-spring-boot-starter 和 nacos-discovery-spring-boot-starter。

下面讲解 Spring Boot 集成 Nacos 的配置管理步骤。

（1）在 pom.xml 文件中添加依赖，代码如下：

```
<dependency>
    <groupId>com.alibaba.boot</groupId>
    <artifactId>nacos-config-spring-boot-starter</artifactId>
    <version>${latest.version}</version>
</dependency>
```

（2）在 application.yml 文件中添加 Nacos Server 的地址，具体配置如下：

```
nacos:
  config:
    server-addr: 127.0.0.1:8848
```

（3）在 Nacos 的后台管理页面中添加 Data ID 为 user 的配置，配置数据为

userName=zhangsan。具体配置详情如图 5.16 所示。

图 5.16　配置详情

（4）使用@NacosPropertySource 注解加载 Data ID 为 user 的配置源并开启自动更新功能，代码如下：

```
@SpringBootApplication
@NacosPropertySource(dataId = "user", autoRefreshed = true)
public class SpringBootExampleApplication {
    public static void main(String[] args) {
        SpringApplication.run(SpringBootExampleApplication.class,
args);
    }
}
```

（5）通过 Nacos 的@NacosValue 注解设置属性值，代码如下：

```
@RestController
@RequestMapping("/hi")
public class HiController{
    //获取 Nacos 配置的属性值
    @NacosValue(value = "${userName:default}", autoRefreshed = true)
    private String userName;

    @GetMapping("/nacos/query")
    public String nacosQuery() {
        return userName;
    }
}
```

启动服务后访问 http://localhost:8080/hi/nacos/query，将返回配置值 zhangsan。

接下来讲解 Spring Boot 集成 Nacos 的服务发现步骤。

（1）调用 Nacos 提供的通用 API 向 Nacos Server 注册一个名为 configService 的服务。

```
curl -X PUT 'http://127.0.0.1:8848/nacos/v1/ns/instance?serviceName
=configService&ip=127.0.0.1&port=8080'
```

Nacos 管理页面中出现的服务列表如图 5.17 所示。

图 5.17　服务列表

（2）为应用添加依赖 nacos-discovery-spring-boot-starter。

（3）修改 application.yml 文件，添加配置如下：

```
nacos:
  discovery:
    server-addr: 127.0.0.1:8848
```

（4）使用注解@NacosInjected 注入 Nacos 的 NamingService 实例，代码如下：

```
@RestController
@RequestMapping("/hi")
public class HiController{
    //注入 NamingService
    @NacosInjected
    private NamingService namingService;

    @GetMapping("/nacos/service")
    public List<Instance> nacosService(String serviceName) throws
NacosException {
        return namingService.getAllInstances(serviceName);
    }
}
```

启动服务，访问接口 http://localhost:8080/hi/nacos/service?serviceName=config
Service 即可返回服务详情。

5.3.4　Spring Cloud 集成 Nacos

使用 Spring Cloud 的开发人员如果要集成 Nacos，则需要使用 Spring Cloud 的
依赖包：spring-cloud-starter-alibaba-nacos-config 和 spring-cloud-starter-alibaba-nacos-
discovery。下面详细讲解 Spring Cloud 集成 Nacos 实现配置与服务发现的具体步骤。

（1）在 pom.xml 文件中添加依赖包，代码如下：

```
<dependency>
    <groupId>org.springframework.cloud</groupId>
    <artifactId>spring-cloud-starter-alibaba-nacos-config</artifactId>
    <version>0.2.1.RELEASE</version>
</dependency>
    <dependency>
    <groupId>org.springframework.cloud</groupId>
    <artifactId>spring-cloud-starter-alibaba-nacos-discovery
</artifactId>
    <version>0.2.2.RELEASE</version>
</dependency>
```

（2）新建 bootstrap.yml 配置文件，并配置 Nacos 属性值，具体配置如下：

```
spring:
  cloud:
    nacos:
      config:
        server-addr: 127.0.0.1:8848
        file-extension: properties
        namespace: 08bf3070-fd90-4daa-aa2b-2cbd2140355c
        group: config
      discovery:
        server-addr: 127.0.0.1:8848
        ip: ${HOST:}
        port: ${PORT_80:${server.port:}}
        namespace: 08bf3070-fd90-4daa-aa2b-2cbd2140355c
        group: config
        heart-beat-timeout: 30
```

在 Nacos Spring Cloud 中，Data ID 的完整格式如下：

```
${prefix}-${spring.profiles.active}.${file-extension}
```

- prefix 默认为 spring.application.name 的值，也可以通过配置项 spring.cloud.nacos.config.prefix 来配置。
- spring.profiles.active 为当前环境对应的 profile，详情可以参考 Spring Boot 文档。注意，当 spring.profiles.active 为空时，对应的连接符 "-" 将不存在，Data ID 的拼接格式变成${prefix}.${file-extension}。

图 5.18　Nacos 配置

- file-exetension 为配置内容的数据格式，可以通过配置项 spring.cloud.nacos.config.file-extension 来配置，目前只支持 properties 和 YAML 两种类型。

在 Nacos 后台管理页面上需要新建一个 dev 的命名空间，并新建一个Data ID 为 configService.properties、Group 为 config 的配置项，如图 5.18 所示。

（3）使用@EnableDiscoveryClient 注解实现服务发现。服务启动后，Nacos 管理后台自动进行服务发现，如图 5.19 所示。

图 5.19　Nacos 服务发现

（4）使用@RefreshScope 注解可以自动实现配置更新，使用@Value 注解可以获取配置项的数据值，代码如下：

```
@RestController
@RequestMapping("/hi")
@RefreshScope  //自动刷新配置
public class HiController{

    @Value("${userName:default}")
    private String userName;

    @GetMapping("/nacos/query")
    public String nacosQuery() {
        return userName;
    }
}
```

此时，访问接口 http://localhost:8080/hi/nacos/query 将返回 zhangsan。

5.4　总　　结

本章主要介绍了微服务开发过程中所需要的配置中心组件与服务发现组件。关于配置中心组件，主要介绍了 XXL-CONF、Apollo 和 Spring Cloud Config 等组件的相关特性，并且给出了这些组件与 Spring Boot 结合的示例。关于服务发现组件，主要介绍了 Eureka 和 Consul 等组件的使用方法。本章最后重点讲解了阿里巴巴集团的 Nacos 开源组件，它集成了配置中心、服务注册和服务发现等功能，同时给出了集成 Spring Boot 与 Spring Cloud 的示例。

第6章　服务限流与降级

当一个应用服务已经达到其本身能处理的最大临界点时，如果不对服务采取限流、熔断或降级等措施，很有可能会引发服务响应缓慢，甚至导致雪崩效应，最终造成无法估量的损失。限流和降级等措施以牺牲一小部分访问流量来达到服务稳定和可用的目的，这在现代微服务治理体系中占有重要的地位。本章主要介绍服务限流的一些算法及流行的框架，如 Hystrix 和 Sentinel 等，并展示它们与 Spring Boot 的集成示例。

6.1　限　　流

想象这样一个场景，某个电商平台某天举行秒杀活动，或者某个视频网站某一时刻上线一部热播剧，在此之前，服务器访问比较正常，服务处理能力稳定，但在进行秒杀活动或上线热播剧的特殊时段内客户端访问会突然暴增，即使后端服务器已经扩容，但是访问量仍然难以预估，此时如何保证服务的可用性呢？答案就是进行限流。

限流的本质是通过对高并发请求进行访问限制，将流量限制在一定范围内。当访问达到一定数量时，可以拒绝服务，或者进行熔断和降级操作。本节主要讲解限流的原理及相关的框架。

6.1.1　限流的原理

限流方式主要有两种，即限制并发数和限制访问速度。限制并发数可以通过限制连接池的最大连接数量来实现；限制访问速度可以通过设置 QPS 的访问规则来实现。

当前流行的限流框架是以 QPS 的限制为主。限流算法主要包括漏桶算法、令牌桶算法、固定窗口算法及滑动窗口算法等。

1．漏桶算法

漏桶算法的原理如图 6.1 所示。

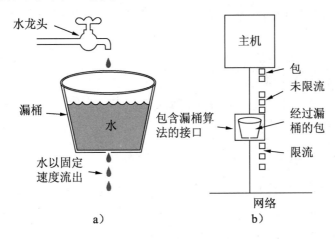

图 6.1　漏桶算法的原理

漏桶算法的原理是，首先设定一个固定容量的漏桶，所有请求都需要经过这个漏桶，设定请求从漏桶里出去的速度是固定的。当请求的速度大于漏桶流出的速度时，会慢慢地超出漏桶的容量，那么后面的请求就会被阻塞或抛弃，直到漏桶再次有能力接收请求为止。

2．令牌桶算法

令牌（Token）桶算法的原理如图 6.2 所示。

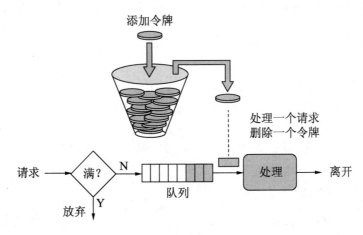

图 6.2　令牌桶算法

令牌桶算法的原理中同样需要一个固定容量的桶，此外还需要一个程序以固定的速度向桶里加入令牌。如果超出容量，则抛弃令牌。当请求到来时将尝试获取令牌，如果取得令牌，则进行处理，如果未获取令牌，则拒绝或阻塞等待。

Google 公司提供的 Guava RateLimiter 便是基于令牌桶算法实现的限流工具。

3．固定窗口算法

固定窗口算法称为计数器算法，它规定在一段时间内从零开始计数，每一次请求加 1，当累计超过设定的临界值时开始限流，下一个时间段开始后，计数器重新计数。

4．滑动窗口算法

滑动窗口算法是固定窗口算法的优化算法，它把一段时间间隔进行 N 等分，然后记录每一个小的时间段内的请求数。每次滑动 $1/N$ 的时间窗口。如果分割的数量越多，统计结果就越精准，限流就越平滑。

以上 4 种算法的比较如表 6.1 所示。其中最常见的算法是令牌桶算法与滑动窗口算法。

表 6.1　限流的算法比较

算　　法	固　定　参　数	限制突发流量	是否平滑限流
漏桶算法	流出速度、桶容量	否	否
令牌桶算法	令牌产生的速度、桶容量	是	是
固定窗口算法	窗口周期、最大访问量	是	是
滑动窗口算法	窗口周期、最大访问量	是	是

6.1.2　限流示例

下面给出一个简单的限流实例。

（1）在 pom.xml 文件中添加工具包依赖，代码如下：

```
<dependency>
  <groupId>com.google.guava</groupId>
  <artifactId>guava</artifactId>
  <version>30.0-jre</version>
</dependency>
```

（2）新建类 RateLimitService.java，限制访问量为 100，代码如下：

```
@Service
public class RateLimitService {
```

```
    //限流器
    private RateLimiter rateLimiter = RateLimiter.create(100.0);
    public boolean tryAcquire(){
        return rateLimiter.tryAcquire();
    }
}
```

（3）通过接口访问时添加限流，代码如下：

```
@GetMapping("/springBoot")
public String hi(){
   if(rateLimitService.tryAcquire()){
      return "hi spring boot!";
   }else {   //限流后返回
      return "request rateLimit!";
   }
}
```

上面的示例展示了单机限流的操作，当每秒请求大于 100 时就会限流。对于分布式的应用限流则需要进行改造。

6.2　Hystrix 组件

在微服务开发过程中，各个服务直接相互依赖是非常普遍的。当依赖的下游服务出现不可用时，为了防止整个调用链崩溃，可以进行熔断或者降级处理。Hystrix 就是 Netflix 公司开源的一款用于服务熔断或降级的工具。

6.2.1　Hystrix 组件简介

Hystrix 是一款针对分布式系统的容错系统，旨在隔离依赖服务的访问，快速停止级联故障，让应用起到自我保护的作用。Hystrix 设计的主要目的如下：
- 为第三方依赖库提供保护。
- 停止级联故障。
- 快速失败。
- 回退并优雅地降级。
- 实现近实时的监控报警。

通常情况下的微服务系统如图 6.3 所示。当某一个依赖项出现问题时，微服务系统如图 6.4 所示。

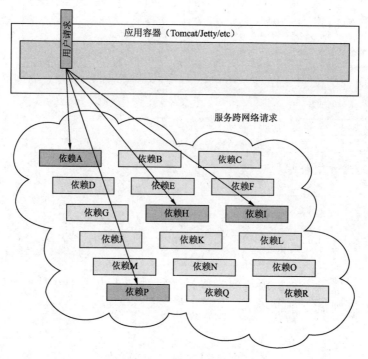

图 6.3　微服务系统

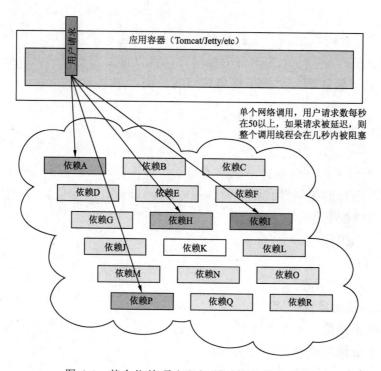

图 6.4　某个依赖项出现问题时的微服务系统

出现问题的依赖项导致阻塞，最终有可能引发雪崩，最终结果如图 6.5 所示。

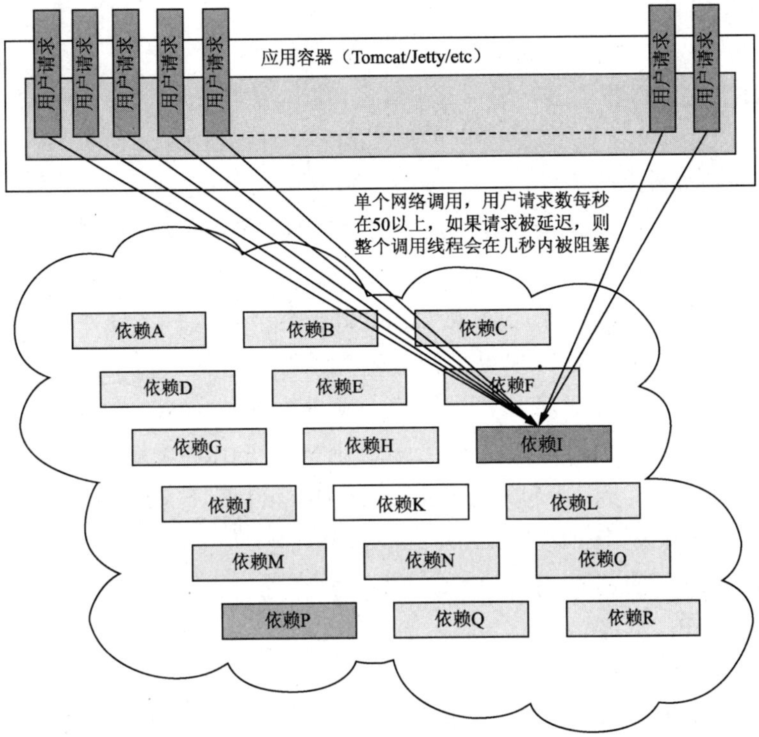

图 6.5　雪崩现象

针对以上问题，Hystrix 是如何设计的呢？Hystrix 遵循的设计原则如下：
- 阻止单个依赖项耗尽所有线程资源。
- 过载保护，立即熔断。
- 提供回退机制。
- 采用隔离技术。
- 近实时进行监控报警。
- 动态修改配置。
- 防止整个依赖执行失败。

为了实现以上目标，在 Hystrix 框架中实现了以下功能：
- 使用命令模式，将依赖项的调用包装在 HystrixCommand 或 HystrixObservable-Command 对象中。
- 每个依赖维护一个线程池。
- 实时记录请求成功和失败等情况。
- 熔断器自动监控、打开或关闭。

- 熔断后进行降级操作。
- 监控和报警。

6.2.2 Hystrix 原理

Hystrix 的工作流程如下：

（1）构造一个类继承 HystrixCommand 或 HystrixObservableCommand，封装请求，重写方法。

（2）执行命令，如果继承不同的 Command 类，则执行方法不同。

（3）判断缓存是否开启，如果开启，则缓存响应。

（4）判断熔断器是否开启，如果开启，则执行 Fallback 逻辑。

（5）判断线程池是否已满，如果已满，则执行 Fallback 逻辑。

（6）执行 HystrixObservableCommand.construct()或 HystrixCommand.run()方法，失败则执行 Fallback 逻辑。

（7）统计熔断器的监控指标。

（8）执行 Fallback 逻辑。

（9）返回响应。

从以上流程中可以看到，Hystrix 可以对分布式系统中的资源进行隔离，并快速熔断及降级。对于资源隔离，Hystrix 提供了两种隔离方式，即线程池隔离和信号量隔离。

- 线程池隔离：通过命令模式将不同业务的请求封装为相应的命令请求，然后为每一个命令配置一个线程池，通过将发送请求线程与执行请求的线程分离，有效防止级联故障。当线程池饱和时，直接执行 Fallback 逻辑。
- 信号量隔离：通过设置信号量来限制对某一个依赖项的并发调用。

线程池隔离与信号量隔离都有各自的优势，具体比较如表 6.2 所示。默认使用线程池隔离方式。

表 6.2　线程池隔离与信号量隔离比较

类　　型	线 程 切 换	支 持 异 步	开　　销
线程池隔离	是	是	大
信号量隔离	否	否	小

Hystrix 最主要的部分是熔断器设计，通过设置对应的参数值，在程序运行时达到设置的阈值后会开启熔断器。熔断器开启一段时间后，会对依赖服务进行试探，当依赖的服务恢复后，则放开流量，关闭熔断器。

不管是熔断器打开还是线程池已满，都会执行 Fallback 逻辑，Fallback 逻辑是一种降级措施。降级措施就是当微服务的依赖项不可用时，为了保证整体业务不受影响，可以支持返回一些备用的数据。

6.2.3　Hystrix 示例

在 pom.xml 中引入 Hystrix 依赖的相关包，具体如下：

```
<dependency>
    <groupId>org.springframework.cloud</groupId>
    <artifactId>spring-cloud-starter-netflix-hystrix</artifactId>
</dependency>
<dependency>
    <groupId>org.springframework.cloud</groupId>
    <artifactId>spring-cloud-starter-netflix-hystrix-dashboard
</artifactId>
</dependency>
```

添加@EnableCircuitBreaker 和@EnableHystrixDashboard 注解，开启熔断器与 Dashboard 支持。

在 Controller 中添加测试方法，代码如下：

```
@GetMapping("/hystrix/test")
@HystrixCommand(fallbackMethod = "fallback")        //熔断处理
public String hystrixTest(String isFallback) {
    if (StringUtils.equals("1",isFallback)){
        throw new RuntimeException("fallback");
    } else {
        return "hystrix test!";
    }
}
public String fallback(String isFallback) {
    return "fallback!!";
}
```

经过测试可知，访问接口 http://localhost:8080/hi/hystrix/test?isFallback=0 时正常返回，访问接口 http://localhost:8080/hi/hystrix/test?isFallback=1 时接口降级。

6.3　Sentinel 组件

Sentinel 是阿里巴巴公司开源的一套面向分布式服务架构的限流和熔断组件，其以流量为切入点，可以为微服务提供流量控制、熔断降级和系统负载保护等功能，使微服务更稳定、更有保障。

6.3.1 Sentinel 组件简介

Sentinel 诞生于 2012 年，当时主要用于入口流量控制。经过几年的发展及其在阿里巴巴集团内部的生产实践，Sentinel 基本上已经覆盖了阿里巴巴内部的所有核心业务场景。2018 年，Sentinel 进行了开源，2019 年推出了 C++版本，2020 年推出了 Go 语言版本。

在 Sentinel 中有两个基本概念：资源和限流规则。其中，资源是最关键的，Sentinel 最终要保护的就是资源。资源可以是应用程序中的任何内容，如由应用程序提供的接口，或由应用程序调用的其他第三方提供的服务，也可以是一段代码或一个方法等。规则可以包括限流的规则、熔断降级的规则及系统保护规则，所有规则可以在管理界面动态并实时地调整。

Sentinel 提供的功能如下：

1．流量控制

一个服务处理请求的能力是有限制的，但是请求到来的时间是随机的。Sentinel 根据系统的处理能力，通过灵活组合资源调用关系、系统运行指标（QPS、线程池、系统负载）及控制的效果（直接限流、Warm Up 和排队），达到对流量控制的目的。

2．熔断降级

微服务调用关系复杂，如果某一个链路中的依赖资源出现不稳定的情况，有可能会引发级联故障。Sentinel 与 Hystrix 的熔断原则基本上是一样的，即在链路中某个请求响应时间过长或异常比例上升时，就需要对这个资源进行熔断，让请求快速失败，避免导致级联故障。Sentinel 通过两种手段进行熔断处理，第一种是控制并发线程数，当线程数在特定资源上堆积到一定数量后，则直接拒绝新的请求；第二种是通过响应时间进行降级，当依赖的资源出现响应时间过长时，则拒绝对资源的访问。

3．系统自适应保护

Sentinel 同时提供系统维度的自适应保护能力。当应用服务负载较高的时候，如果还有请求进入，可能会导致系统崩溃，无法响应。针对这种情况，Sentinel 提供了响应的保护机制，让系统的入口流量和负载达到平衡，保证系统在能力范围之内处理最多的请求。为了减少开发的复杂度，Sentinel 对当前主流框架如 Spring Boot、Spring Cloud 和 Spring WebFlux 等都做了适配，可以很方便地整合。

　　Sentinel 主要包括核心库与管理后台。核心库可以单独依赖，但是配合管理后台效果更佳。在使用 Sentinel 时，需要定义资源，Sentinel 提供了定义资源的很多方式，在与 Spring Boot 结合时，采用了注解@SentinelResource 的方式。定义规则可分为限流控制规则（如表 6.3 所示）、熔断降级规则（如表 6.4 所示）、系统保护规则（如表 6.5 所示）、来源访问规则和热点参数规则等。

表 6.3　限流控制规则

属　性	说　明	默　认　值
resource	资源名	
count	限流阈值	
grade	限流类型	QPS模式
limitApp	针对的调用来源	default
strategy	调用关系策略	直接
controlBehavior	流控效果	直接拒绝
clusterMode	是否集群限流	否

表 6.4　熔断降级规则

属　性	说　明	默　认　值
resource	资源名	
grade	熔断策略	慢调用比例
count	慢调用临界RT	
timeWindow	熔断时长	
minRequestAmount	熔断触发最小请求数	5
statIntervalMs	统计时长	1000ms
slowRatioThreshold	慢调用比例阈值	

表 6.5　系统保护规则

属　性	说　明	默　认　值
highestSystemLoad	load1触发值	-1
avgRt	所有入口流量平均响应时间	-1
maxThread	入口流量最大并发数	-1
qps	所有入口资源的QPS	-1
highestCpuUsage	当前系统的CPU使用率	-1

　　规则制定后，可以配合 Nacos 进行持久化，Sentinel 提供了统一的 API 进行规则查询。总的来说，Sentinel 具有以下特性：

- 广泛的实战演练，多次承接阿里巴巴"双十一"大促销的流量场景。
- 提供了控制面板，可提供完善的实时监控功能。
- 开源生态，与流行框架容易整合。
- slot 自定义扩展。

6.3.2 Sentinel 的原理

Sentinel 的主要工作流程是对每一个资源（Resource）创建一个 Entry 对象，并且在创建 Entry 对象的同时创建一系列的插槽（Slot）。不同的插槽有不同的功能。各个插槽的功能如下：

- NodeSelectorSlot：通过收集资源路径，将调用路径以树状结构存储起来，然后根据调用路径进行限流降级。
- ClusterBuilderSlot：存储资源的统计信息及调用者信息，主要包括该资源的 RT、QPS 和并发线程数等，这些信息将作为限流和降级的依据。
- StatisticSlot：统计运行时指标的监控信息。
- FlowSlot：根据制定的限流规则及前面的 Slot 统计的信息进行限流。
- AuthoritySlot：根据配置的黑白名单和调用来源信息进行黑白名单控制。
- DegradeSlot：根据制定的降级规则和统计信息进行熔断降级。
- SystemSlot：通过系统的状态控制总的入口流量。

如图 6.6 所示为 Sentinel 的总体运行流程。同时 Sentinel 还支持自定义 Slot，灵活指定执行顺序，对 Slot Chain 进行扩展。

FlowSlot（流量控制）主要通过 QPS/并发线程数进行限流。对于 QPS 限流，当请求超过某个阈值时则进行流量控制，主要包括直接拒绝、Warm Up 和匀速排队 3 种方式。直接拒绝方式会抛出 FlowException 异常；Warm Up 是预热/冷启动方式，通过该种方式可以让流量缓慢地增加，最终达到阈值上限，给系统一个预热时间，避免被流量压垮；匀速排队方式是控制请求的时间间隔，让请求匀速地通过，也就是漏桶算法。

DegradeSlot（熔断策略）主要分为慢调用比例策略、异常比例策略和异常数策略。慢调用比例策略是选用这个比例作为阈值，同时需要设置慢调用响应时间，当达到阈值时自动熔断，经过熔断时长后进入探测恢复状态；异常比例策略则是按照系统出现异常的比例进行熔断；异常数策略是直接统计异常数量，当超过阈值时进行熔断。

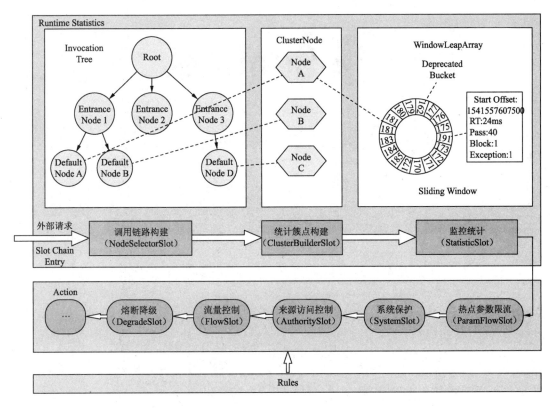

图 6.6 Sentinel 运行图

6.3.3 快速搭建 Sentinel Dashboard

Sentinel 为使用者提供了开源控制台，主要功能如下：

- 登录鉴权；
- 规则管理与发布；
- 监控应用信息；
- 查看机器列表与健康状态。

搭建控制台时要先获取控制台的 GitHub 工程或下载最新的 JAR 包，启动命令
如下：

```
java -Dserver.port=8080 -Dcsp.sentinel.dashboard.server=localhost:
8080 -Dproject.name=sentinel-dashboard -jar sentinel-dashboard.jar
```

启动后访问 http://localhost:8080 即可看到登录页面，如图 6.7 所示。默认的用
户名与密码都是 sentinel。

图 6.7　控制台登录页面

登录之后，进入某个应用可以看到管理菜单，如图 6.8 所示。

Ⅰ.ⅠⅠ	实时监控
▤	簇点链路
▼	流控规则
⚡	降级规则
🔥	热点规则
🔒	系统规则
☑	授权规则
☁	集群流控
▮▮	机器列表

图 6.8　控制台管理菜单

选择"实时监控"选项可以看到资源的 QPS 监控页面，如图 6.9 所示。

选择"簇点链路"选项可以看到资源链路信息及最主要的几个规则设置，如流控规则、降级规则、热点规则和系统规则。其中，流控规则设置页面如图 6.10 所示。阈值类型可以选择 QPS 或线程数，然后设置阈值，流控效果可以选择快速失败、Warm Up 或排队等待。

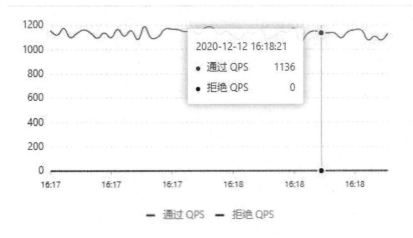

图 6.9　实时监控页面

图 6.10　流控规则设置页面

"降级规则"设置页面如图 6.11 所示。其中，降级策略可以选择 RT、异常比例或异常数，然后设置时间窗口。

"热点规则"设置页面如图 6.12 所示。在其中可以对某些热点参数进行限流控制，或者通过添加参数属性进行限流控制。

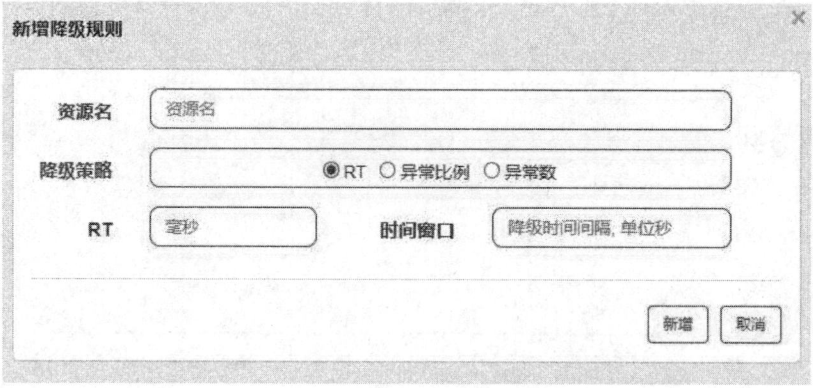

图 6.11　降级规则设置

图 6.12　热点规则设置

　　"系统规则"设置页面如图 6.13 所示。首先选择阈值类型，如 LOAD、RT、线程数、入口 QPS 和 CPU 使用率，然后设置阈值进行系统自适应保护。

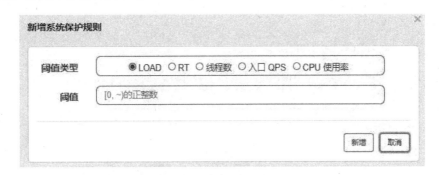

图 6.13　系统规则设置页面

"集群流控"选项可以设置整个集群的流控规则，"机器列表"选项提供了服务发现功能，可以监控注册机器的健康状态。

6.3.4　Spring Boot 集成 Sentinel

Sentinel 提供了对 Spring Cloud 的整合，使用起来非常方便。

（1）在 pom.xml 文件中添加对 Sentinel 的依赖，具体如下：

```
<dependency>
  <groupId>org.springframework.cloud</groupId>
  <artifactId>spring-cloud-starter-alibaba-sentinel</artifactId>
</dependency>
```

（2）新建 bootstrap.yml 配置文件，配置 Sentinel 控制台，代码如下：

```
spring:
  cloud:
    sentinel:
      enabled: true
      transport:
        dashboard: localhost:8080
```

（3）使用注解@SentinelResource 定义资源，提供可选的异常处理与 fallback 配置。@SentinelResource 注解包含以下属性：

- value：资源名。
- entryType：entry 类型。
- blockHandler/blockHandlerClass：限流类与方法。限流方法需要与资源方法参数相同且增加 BlockException 参数。
- fallback/fallbackClass：熔断类与方法。熔断方法需要增加 Throwable 参数。

（4）配置 SentinelResourceAspect 类，代码如下：

```
//声明 Sentinel 切面
@Configuration
public class SentinelConfig {
    @Bean
    public SentinelResourceAspect sentinelResourceAspect() {
        return new SentinelResourceAspect();
    }
}
```

6.4　Nacos 集成 Sentinel 配置

Sentinel 的配置规则都是存储到内存中，并没有持久化，因此需要提供一个持久化的解决方案。通过和 Nacos 整合可以将 Sentinel 配置规则推送到 Nacos 上进行存储。具体步骤如下：

（1）在应用中添加依赖包 sentinel-datasource-nacos，具体代码如下：

```
<dependency>
    <groupId>com.alibaba.csp</groupId>
    <artifactId>sentinel-datasource-nacos</artifactId>
</dependency>
```

（2）在配置文件中添加 Nacos 属性配置，具体代码如下：

```
spring:
  cloud:
    sentinel:
      datasource:
        flow:
          nacos:
            server-addr: 127.0.0.1:8848
            dataId: test-flow-rules
            groupId: test
            rule-type: flow
        degrade:
          nacos:
            server-addr: 127.0.0.1:8848
            dataId: test-degrade-rules
            groupId: test
            rule-type: degrade
        system:
          nacos:
            server-addr: 127.0.0.1:8848
            dataId: test-system-rules
            groupId: test
            rule-type: system
        authority:
          nacos:
            server-addr: 127.0.0.1:8848
            dataId: test-authority-rules
            groupId: test
```

```
        rule-type: authority
    param-flow:
      nacos:
        server-addr: 127.0.0.1:8848
        dataId: test-param-flow-rules
        groupId: test
        rule-type: param-flow
```

完成以上配置后，重新启动 Nacos 管理后台即可看到配置的 Sentinel 规则数据信息。

6.5　总　　结

本章主要介绍了微服务开发过程中所需要的限流和降级等中间件。首先介绍了限流通用的一些算法，如漏桶算法、令牌桶算法、滑动窗口算法，以及各个算法之间的区别。然后结合示例介绍了熔断的开源组件 Hystrix 的原理。最后重点介绍了阿里巴巴的开源组件——Sentinel，它集成了控制台管理页面，可以设置各种限流规则和熔断规则，选取不同的策略进行限流与熔断，如 QPS 和并发数等，并且能够与Nacos 集成将相关的规则持久化。

第 7 章　全链路追踪系统

以微服务开发为架构的互联网应用，大多为分布式应用，它们具有规模大、复杂度高的特点。集群应用部署在不同的机器上且分布在不同的机房。多个服务很可能是由不同团队开发和维护的，而且使用不同的编程语言来实现，横跨多个不同的数据中心。当系统出现问题时，需要有一个全链路追踪系统。这个系统可以用来分析链路中的性能问题，同时还可以监控系统的报警信息，追踪横跨不同应用和不同服务器之间的调用关系链。本章主要介绍全链路追踪系统的原理及一些知名的全链路追踪系统开源框架。

7.1　全链路追踪系统简介

在微服务开发中，一次服务的调用也许会涉及多个依赖服务和团队。当线上出现问题时，通常需要多个团队配合定位，排查问题需要的时间较长，涉及的人员较广，这样排查问题的效率很低。全链路追踪系统就是为了解决这些问题而开发，有了该系统，可以在发生故障时能够快速定位问题并解决问题。

最为开发人员所熟知的全链路追踪系统是谷歌公司的 Dapper。谷歌公司开发 Dapper 系统是为了收集复杂的分布式系统的行为信息，大部分开源的分布式链路追踪系统都是基于 Dapper 的基本原理开发的。本节主要讲解全链路追踪系统的设计目标及基本概念。

7.1.1　基本特性

全链路追踪系统作为一个追踪监控系统，需要快速发现线上系统的故障，并能迅速定位故障位置，同时可以分析分布式系统中存在的性能瓶颈，从而辅助优化系统。这就要求全链路系统可以实时并全量地提供系统中的行为数据，做到高可用，并全面展现链路信息。

全链路追踪系统的设计目标主要包含以下几点：

- 性能消耗低。调用链追踪应该对服务影响足够小，不应消耗太多的系统资源。

- 代码侵入低。作为中间件，应当尽可能少地侵入或者不侵入其他业务系统，保持对使用方的透明性，减少开发人员的负担和接入门槛。
- 高度可扩展。整个调用链追踪通路都应该可扩展，以应对不断接入的服务。
- 实时数据采集。全链路追踪系统从数据采集、分析、查询，到展示整个链路的操作都要尽量快速，这样才能完成对线上问题的快速定位。
- 提供决策支持。全链路追踪系统可以定位业务系统问题，通过分析系统服务，为服务的优化提供决策支持。

通过上面列出的设计目标可知，全链路追踪系统的主要功能如下：

- 对调用请求进行整个链路追踪，分析每个环节的耗时，并协助开发和运维人员找到性能瓶颈。
- 展示调用服务之间的拓扑关系。
- 对线上服务进行监控与报警。
- 采用简单的接入方式，和业务代码低耦合。
- 实时采集数据，可以设置采集率。
- 可以展示调用链的 UI 页面。

7.1.2　基本概念

不同的开源链路追踪系统的设计虽然不同，但基本上都包括 Trace、Span、Tag 及采样率等几部分。本节将重点讲解全链路追踪系统中的一些常用概念。

1. Span

Span 是调用链中的一个基本单元。通常，一次服务调用会创建一个 Span，每个 Span 都有一个 ID 来标识，并且它在调用链中是唯一的。同时，Span 中还有其他信息，如描述信息、Tag 信息及父 Span id 等。

如图 7.1 所示为一个 Span 链路信息图。如果 Span 没有父 Span，则它是根 Span。通过 Span id 与 Parent id 可以查询整个链路中的 Span。同时，每个 Span 都封装了很多信息，如操作描述信息、时间戳信息及键值对（Tag）信息。

2. Trace

通常，一个调用链会生成一条 Trace，由唯一的 Trace id 来标识。一条 Trace 可以由一个或多个 Span 组成，类似于树状结构，是一条调用链路，相当于一次完整的请求链路。

如图 7.2 所示，一条链路只有一个 Trace id，每个 Span 就是链路中的节点，节点之间的连线使 Span 与父节点 Span 发生联系，每个 Span 中保存了一些请求信息。

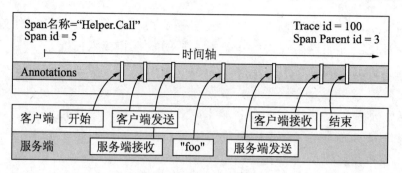

图 7.1　Span 链路图

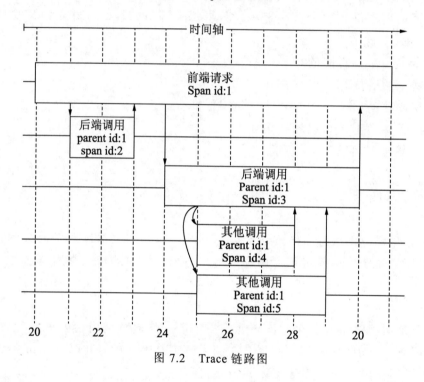

图 7.2　Trace 链路图

3．Tag

Tag 用来描述 Span 中的一些特殊信息。在调用链的过程中，开发者如果需要保存一些特殊的业务信息，可以通过 Tag 设置键值对的方式进行保存。

4．采样率

线上环境对性能要求很高，如果对全部的请求都开启链路信息采集，会有一定的压力，因此可以通过设置采样率，在不牺牲大量性能的情况下进行信息采集，或者在某些关键时刻进行采集，便于定位线上问题。采样率可以设置全采样或某个速度进行采集。

7.2　开源的全链路追踪系统

全链路追踪系统已经是大型互联网应用程序的必备中间件，被广泛应用于监控系统或调用链追踪系统。现在有很多的开源全链路追踪系统供大家使用。本节主要从开源的全链路追踪系统架构等方面介绍比较知名的调用链追踪工具。

7.2.1　Dapper 简介

Dapper 是谷歌公司内部的调用链追踪系统，该系统没有开源。谷歌公司在 2010 年发表了论文 *Dapper, a Large-Scale Distributed Systems Tracing Infrastructure*，其中定义了追踪数据的格式、追踪方式及调用链追踪系统的架构等理论模型。大部分开源调用链追踪系统都是参照 Dapper 这篇论文提出的模型进行实现的。

如图 7.3 所示为 Dapper 收集数据的过程。Dapper 对谷歌公司内部的通用框架都提供了装配工具，服务部署了这些装配工具后就会对调用链进行追踪，装配工具将追踪信息保存到机器的磁盘上，每台服务器上部署的 Dapper daemon 会将追踪信息收集到 Dapper Collector 上。Dapper Collector 根据各个服务上报的追踪信息中包含的 traceId、spanId 和 parentSpanId 组装成完整的调用链，同时注明每个环节的耗时，然后进行存储并提供查询功能。

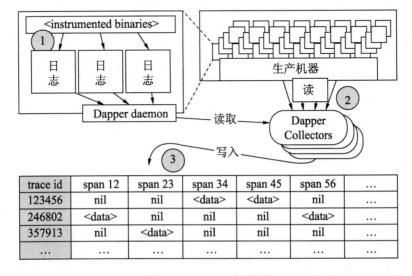

图 7.3　Dapper 架构图

7.2.2　Zipkin 简介

　　Zipkin 是 Twitter 公司按照 Dapper 论文中定义的追踪数据格式、追踪方式和架构进行了开发实现。Zipkin 主要包括 Collector、Storage 和 UI 界面等组件，同时提供数据查询功能，如图 7.4 所示。

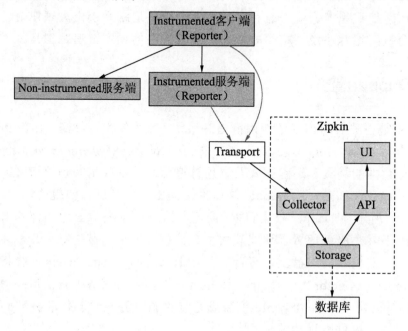

图 7.4　Zipkin 架构图

　　Zipkin 的整个架构与 Dapper 非常类似，它装配了追踪工具的服务，首先将追踪信息上报给 Transport，然后 Collector 对追踪信息进行处理、存储，最后前端 UI 通过调用 API 查询存储中的信息并进行展示。其中，Transport 支持 HTTP、Kafka 等，Storage 存储支持 MySQL、Elasticsearch 和 Cassandra 等。Zipkin 的追踪是独立于开发语言的，只要满足 Zipkin 的追踪数据格式即可，它支持的框架包括 Grpc、Spring Web、Spring Boot 及 Spring Cloud 等。

7.2.3　Pinpoint 简介

　　Pinpoint 是韩国的搜索公司 Naver 基于 Google Dapper 开发的一款开源分布式调用链追踪系统。Pinpoint 对代码零侵入，运用了 Java Agent 字节码增强技术，只需要添加启动参数即可使用。

如图 7.5 所示，Pinpoint 框架的基本组成部分与 Zipkin 相似。Pinpoint Collector 作为收集组件，收集各种性能数据；Pinpoint Agent 和服务一起运行，作为探针采集数据；Pinpoint Web UI 是展示页面；HBase Storage 作为存储组件，将采集到的数据存到 HBase 中。

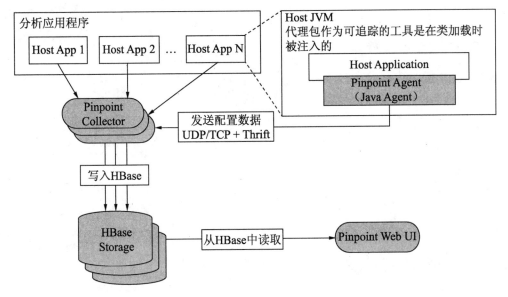

图 7.5　Pinpoint 架构图

Pinpoint 使用字节码增强技术对服务进行埋点，追踪信息通过 Thrift 等方式上传到 Pinpoint Collector，Pinpoint 负责计算统计指标，并将实时结果和原始追踪信息都存入 HBase，前端 Web UI 从 HBase 中读数据进行展示查询。

Pinpoint 支持追踪的服务包括 Spring Boot、Thrift 和 Dubbo 等。它采用字节码增强技术侵入服务，业务无须修改代码，具有实时统计展示、JVM 实时监控及调用链追踪服务的特点。

7.2.4　Skywalking 简介

Skywalking 是国内开源的一款调用链追踪系统。2019 年 4 月 17 日，SkyWalking 成为 Apache 的顶级项目，当前支持的开发语言包括 Java、.NET 和 Node.js 等，数据存储支持 MySQL 和 Elasticsearch 等。Skywalking 跟 Pinpoint 一样，采用字节码注入的方式实现代码的无侵入，支持云原生，目前增长势头强劲，其架构如图 7.6 所示。

Skywalking 在逻辑上包含 4 部分，分别是 Probes、Platform backend、Storage 和 UI。Probes 主要用于收集和格式化数据；Platform backend 支持数据聚合、分析

和处理；Storage 用于数据存储，支持 MySQL、H2 和 ElasticSearch 等；Web UI 用于数据的可视化。

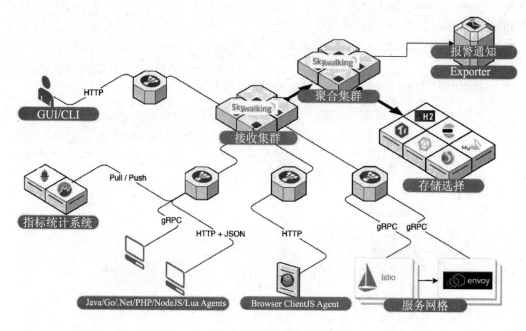

图 7.6　Skywalking 架构图

7.2.5　开源的全链路追踪系统比较

开源的全链路追踪系统从架构上看包括以下几个方面。

1．采集方式

采集方式就是通常所说的埋点。埋点是调用链追踪系统与业务服务交互的部分，该部分需要做到低消耗与低侵入。Pinpoint 与 Skywalking 开源组件采用了字节码增强技术，可以做到低侵入。追踪数据的上传有两种方式，即 HTTP 和 TCP。此外，也可以通过日志采集方式进行追踪。Skywalking 的采集对吞吐量的影响比较小。

2．数据计算

根据上传的追踪数据可以统计多维度指标，以了解服务的各种状态，如实时的 QPS、调用延时、延时分布、服务状态监控及服务依赖关系拓扑图等。

3．数据存储

原始数据量比较大，一般存储在 HDFS、HBase、Elasticsearch 和 Cassandra 等分布式数据库中。统计报表类数据的数据量比较小，需要具有快速地按时间检索的能力，一般存储在 MySQL 或时序数据库中。

4．数据展示

调用链追踪系统的数据最终通过 UI 界面展示，其中包含许多查询指标和调用链树形展示。Pinpoint 界面的展示效果更加丰富，Zipkin 的拓扑局限于服务与服务之间。

7.3 全链路追踪系统实践

7.1 节与 7.2 节介绍了开源的全链路追踪系统的基本概念与技术框架。本节将讲解具体的使用示例，在以后的业务开发中，可以集成这些框架。

7.3.1 Zipkin 实践

Spring Boot 2.x 提供了集成 Zipkin 的工具包，开发者可以很容易地在自己的业务工程里集成 Zipkin。下面介绍一下简单的集成示例。

（1）根据要求下载 zipkin-server 的 JAR 包，然后在本地启动 Zipkin 的 Server 实例，启动命令如下：

```
Java -jar zipkin-server.jar
```

（2）访问 http://localhost:9411/zipkin，即可打开 Zipkin 的 Web UI 页面，如图 7.7 所示。

图 7.7 Zipkin 主页面

（3）为本地服务添加 Zipkin 的相关依赖：

```
<dependency>
    <groupId>org.springframework.cloud</groupId>
    <artifactId>spring-cloud-starter-sleuth</artifactId>
    <version>2.2.3.RELEASE</version>
</dependency>
<dependency>
    <groupId>org.springframework.cloud</groupId>
    <artifactId>spring-cloud-sleuth-zipkin</artifactId>
    <version>2.2.3.RELEASE</version>
</dependency>
```

（4）在本地服务配置文件中添加 Zipkin 配置信息：

```
spring:
  zipkin:
    enabled: true
    baseUrl: http://127.0.0.1:9411
  sleuth:
    sampler:
      probability: 1
```

（5）启动本地服务，访问 http://localhost:8080/hi/springBoot，之后在 Zipkin 的管理页面中选择本地服务名，然后单击"查找"按钮，即可查找到刚才访问的 Trace 信息，如图 7.8 所示。

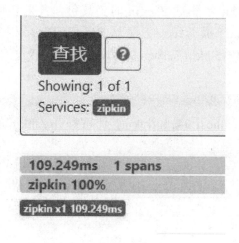

图 7.8　查找 Trace 信息

（6）单击信息即可进入详情页面，如图 7.9 所示。

zipkin.get /hi/springboot: 109.249ms　　　　　　　　　　　×

Services:	zipkin		

Date Time	Relative Time	Annotation	Address
2021/1/6 下午3:14:49		Server Start	zipkin
2021/1/6 下午3:14:49	109.249ms	Server Finish	zipkin

Key	Value
http.method	GET
http.path	/hi/springBoot
mvc.controller.class	HiController
mvc.controller.method	hi
Client Address	[::1]:54608

展现ID

traceId	2d447799aa2c636b
spanId	2d447799aa2c636b
parentId	

图 7.9　Trace 的详细信息

图 7.9 展示了一次请求中 Zipkin 统计的信息,包括响应时间、http.method、http.path、mvc.controller.class、mvc.controller.method、traceId、spanId 和 parentId 等。

7.3.2　Skywalking 实践

Pinpoint 与 Skywalking 都是使用 Agent 进行采集,其原理都是字节码增强技术。本节将介绍 Skywalking 与 Spring Boot 的集成示例。具体步骤如下:

（1）下载 Skywalking 包。访问 https://www.apache.org/dyn/closer.cgi/skywalking/,选择 Skywalking 包,如果使用 Elasticsearch 7.x 版本,则需要下载相关的版本。本例选择不使用 Elasticsearch 包,版本是 8.0.1。

下载并解压后,目录包含以下几个部分:

- bin 目录:主要存放启动脚本,包含 oapService.sh 和 webappService.sh 等。
- config 目录:oap 服务的配置,包含一个配置文件 application.yml。
- agent 目录:Skywalking 的 Agent,一般用来采集业务系统的日志。

- webapp 目录：Skywalking 前端的 UI 界面服务。

直接单击 bin 目录下的 startup.bat 或 startup.sh 文件，即可启动 oapService 和 Webapp 服务。

（2）为应用程序配置启动参数。添加 VM options 为-javaagent:E:\\apache-skywalking-apm-8.0.1\\apache-skywalking-apm-bin\\agent\\skywalking-agent.jar；

将环境变量设置为 W_AGENT_NAME=skywalking-test，然后启动本地服务，发送一次服务请求。

（3）打开 Skywalking 后台的 UI 页面，"仪表盘"页面可以监控到本地服务和当前端点，"拓扑图"页面用于展示调用的拓扑结构，"追踪"页面用于展示调用链的树状信息，如图 7.10 所示。

图 7.10　Skywalking UI 页面

7.4　总　　结

本章主要介绍了微服务框架中的全链路追踪系统，以及一些开源组件的原理与示例。全链路追踪系统可以作为服务的监控系统，追踪信息能帮助开发者快速定位故障，辅助优化系统性能，是分布式系统中不可缺少的一个中间件。国内很多公司也开源了调用链追踪系统，如大众点评的 CAT、阿里巴巴集团的鹰眼及京东的 CallGraph 等，其架构原理相近。

第 8 章　微服务监控管理

上一章主要讲解了全链路追踪系统，该系统对整个微服务调用链进行监控，调用链中的每个微服务需要暴露一些个性化的监控指标。本章继续介绍 Spring Boot 提供的一些监控特性。Spring Boot 提供了 Spring Boot Actuator，它可以用来暴露端点，或者监控、管理其本身的服务。Spring Boot Actuator 结合 Prometheus 进行一些更细粒度的业务指标，引入 Grafana 进行仪表盘的展示与报警。

8.1　Spring Boot Actuator 组件

Spring Boot Actuator 通过 HTTP endpoints 或者 JMX 来管理和监控 Spring Boot 应用，如服务的审计、健康检查、指标统计和 HTTP 追踪等。Spring Boot Actuator 同时还可以与 AppOptics、Datadog、Elastic、Influx、Prometheus 等第三方监控系统进行整合。完善的监控系统可以使业务系统更健壮。本节主要介绍 Spring Boot Actuator 的相关知识与实践应用。

8.1.1　Endpoints 组件简介

Spring Boot Actuator Endpoints 可以让开发者监控或者动态地改变应用。Spring Boot Actuator 内置了一系列的端点，也可以自定义端点。默认情况下，Spring Boot Actuator 暴露了 health 和 info 两个端点。例如，访问 health 端点可以进行应用健康状态查询，如果应用健康，则返回 UP，如果不健康，则返回 DOWN。通常情况下使用 HTTP 的方式访问端点信息，默认的访问路径是/actuator。如果访问 health 端点，则使用/actuator/health 即可。如表 8.1 所示为 Spring Boot 提供的一些端点。

表 8.1　Spring Boot提供的端点

Endpoint ID	说　　明
auditevents	展示应用暴露的审计事件

（续）

Endpoint ID	说　　明
beans	展示应用完整的Spring Beans列表
caches	暴露可用的caches
conditions	展示需要配置类的条件信息
configprops	配置属性集合
env	环境属性
flyway	数据库迁移路径信息
health	应用的健康状态
httptrace	最近100个HTTP请求的响应信息
info	应用的基本信息
integrationgraph	应用集成信息
loggers	应用的logger信息
metrics	metrics统计信息
mappings	@RequestMapping路径
scheduledtasks	定时任务信息
sessions	session信息
shutdown	关闭应用
startup	启动信息
threaddump	线程信息

如果程序是 Web 应用，还可以使用下面的端点，如表 8.2 所示。

表 8.2　Web应用可以使用的端点

Endpoint ID	说　　明
heapdump	展示堆栈信息
jolokia	暴露JMX Beans信息
logfile	日志信息
prometheus	Prometheus抓取的metrics指标

默认情况下，除了 shutdown 端点之外，其他端点都是启用的。如果想要启用 shutdown 端点，可以通过配置 management.endpoint.<id>.enabled 属性来实现。具体配置如下：

```
management:
  endpoint:
    shutdown:
      enabled: true
```

如果想要禁用默认的端点，而只开启自己想要的端点，可以使用下面的配置：

```
management:
  endpoints:
    enabled-by-default: false
  endpoint:
    info:
      enabled: true
```

基于 HTTP 的方式默认暴露了 health 和 info 端点。如果想要暴露更多的端点，需要使用下面的配置：

```
management:
  endpoints:
    web:
      exposure:
        include: "*"
        exclude: "env,beans"
```

Spring Boot Actuator 端点的默认访问路径是/actuator，如果想要修改该路径，需要进行如下配置：

```
management:
  endpoints:
    web:
      base-path: "/"
      path-mapping:
        health: "healthcheck"
```

同样可以修改访问的端口，配置信息如下：

```
management:
  server:
    port: 8081
```

如果想要修改端点的属性配置，可以进行如下修改：

```
management:
  endpoint:
    health:
      show-details: always
```

8.1.2　自定义端点

除了 Spring Boot Actuator 提供的通用端点之外，开发中还可以自定义端点。Spring Boot 提供了@Endpoint 注解，带有@Endpoint 注解的 Bean 即为自定义端点。@Jmx-Endpoint 和@WebEndpoint 注解可分别通过 JMX 或者 HTTP 方式进行访问。

自定义端点提供了方法注解@ReadOperation、@WriteOperation 和@Delete-Operation，分别对应 HTTP 访问方法的 GET、POST 和 DELETE。下面自定义一个简单的端点，代码如下：

```
//自定义端点
@WebEndpoint(id="userEndpoint")
@Component
```

```java
public class UserEndpoint {

    @ReadOperation
    public String readUserEndpoint(){
        return "test read userEndpoint!";
    }

    @WriteOperation
    public String writeUserEndpoint(){
        return "test write userEndpoint!";
    }

    @DeleteOperation
    public String deleteUserEndpoint(){
        return "test delete userEndpoint!";
    }

}
```

定义好端点 Bean 之后，需要暴露这个端点，配置信息如下：

```yaml
management:
  endpoints:
    web:
      exposure:
        include: userEndpoint
```

访问 http://localhost:8080/actuator 即可看到 userEndpoint 端点已经暴露出来了。分别用 GET、POST 和 DELETE 方式访问 http://localhost:8080/actuator/userEndpoint，将返回不同的信息。

8.2　Micrometer 工具

一个健壮的应用程序需要实时采集应用的性能指标，开发人员或运维人员关注这些指标可以掌握程序运行的情况，以便出现问题的时候及时报警。目前市场上出现了很多监控系统，这些监控系统由不同的语言开发，安装方式不同，使用起来也比较复杂。Micrometer 工具提供了抽象接口和脱离底层的第三方监控依赖，类似于 SLF4J 在 Java 日志中的作用。

8.2.1　Micrometer 工具简介

Micrometer 是一个基于 JVM 的应用程序指标收集工具包，其为收集 Java 应用的性能指标提供了通用的 API。Java 应用只需要使用这些通用的 API 收集性能指标即可，Micrometer 会适配各种不同的监控系统。

在 Micrometer 中有两个最基本的概念：Meter 计量器和 MeterRegistry 计量器注册表。Meter 计量器可以创建多种类型的数据指标，包括 COUNTER、GAUGE、LONG_TASK_TIMER、TIMER 和 DISTRIBUTION_SUMMARY 等。MeterRegistry 是计量器注册表，负责创建和维护 Meter 计量器。Micrometer 中提供了核心包 micrometer-core，对所使用的监控系统只需要添加对应的模块即可。如果使用 Prometheus 监控系统，则需要添加模块 micrometer-registry-prometheus。

Micrometer 核心库中提供了两个类，其中 SimpleMeterRegistry 类是一个基于内存的计量器注册表，其不支持将数据导入监控系统中，CompositeMeterRegistry 类是一个组合计量器注册表，其可以把多个计量器注册表组合起来，并允许同时在多个监控系统中发布数据。

不同的 Meter 命名规则建议以句号分隔，创建时需要指定标签（Tag），并且标签以键值对的形式出现，后续可以通过标签对数据进行过滤或者分维度统计。除了特有标签之外，还可以统一设置通用的标签。例如：

```
SimpleMeterRegistry registry = new SimpleMeterRegistry();
registry.config().commonTags("application", "micrometerApp");
Counter counter = registry.counter("biz.code.total", "code", "C000");
counter.increment();  //计数统计
```

下面主要讲解一些类型数据指标。

1. Counter

Counter（计数器）允许以固定的数值进行累加，该数值必须为正数。有两种创建方式，具体如下：

```
MeterRegistry registry = new SimpleMeterRegistry();

//写法一
Counter counter1 = registry.counter("counter");
counter1.increment(1.0);

//写法二
Counter counter2 = Counter
    .builder("code.counter")
    .description("a counter simple", "code", "C000")    //描述
    .tags("code", "S000")                               //状态码
    .register(registry);
counter2.increment(5.0);
```

2. Timer

Timer（计时器）一般用来记录一段代码的执行时间，如一次请求接口的时间。Timer 提供了 record() 方法用来记录代码块的执行时间，并且还可以对执行时间进行

统计分析，如最长时间、平均时间及百分比等。LongTaskTimer 可以统计一个任务的执行时间。创建 Timer 的例子如下：

```
Timer timer = Timer
        .builder("api.timer")
        .description("a timer simple")          //描述
        .tags("apiRequest", "userQuery")        //Tag 定义
        .register(registry);
```

3．Gauge

Gauge（测量器）用于测量一个指标的瞬时值，如 CPU 使用率和内存使用率等。示例如下：

```
AtomicInteger atomicInteger = new AtomicInteger(0);
Gauge passCaseGuage = Gauge
        .builder("pass.guage", atomicInteger, AtomicInteger::get)
        .tag("pass", "demo")                    //Tag 定义
        .description("a gauge simple")          //描述
        .register(registry);
```

8.2.2　Spring Boot 集成

Spring Boot Actuator 提供了对 Micrometer 的依赖管理和自动配置，同时支持多种类型的监控系统。Spring Boot Actuator 会自动配置一个组合的 MeterRegistry 注册表，将所有支持的 Meter 都添加进去，这些 Meter 对象也会被自动添加到全局注册表对象中。可以通过 MeterRegistryCustomizer 对象来配置 MeterRegistry。例如下面的例子中配置了通用的 Tag，代码如下：

```
@Bean
MeterRegistryCustomizer<MeterRegistry> metricsCommonTags() {
    //通用的 Tag 定义
    return registry -> registry.config().commonTags("application",
"userApp");
}
```

还可以通过配置来指定开启某个 MeterRegistry。例如下面的例子可以开启 Prometheus 并暴露 prometheus 端点，配置如下：

```
management:
  server:
    port: 8081
  endpoint:
    metrics:
      enabled: true
    prometheus:
      enabled: true
  endpoints:
```

```
      web:
        exposure:
          include: metrics,Prometheus
        base-path: /
    metrics:
      export:
        prometheus:
          enabled: true
```

Spring Boot Actuator 还提供了一些核心指标，包括 JVM 指标信息、CPU 指标信息、Tomcat 指标信息和 Kafka 指标信息。

配置完成后，可以编写自己需要的 Meter，然后统计相关的业务指标。下面的例子是按业务状态码统计数量，代码如下：

```
private void increment(String code, String operation) {
    //定义 Tag
    Tags tags = Tags.of(
        Tag.of("code", code),
        Tag.of("handler", operation));
    //定义 Counter
    Counter counter = Search.in(this.meterRegistry).name(BUSINESS_
CODE_METRIC).tags(tags).counter();
    if (counter == null) {
        counter = this.meterRegistry.counter(BUSINESS_CODE_METRIC,
tags);
    }
    //Counter 计数加 1
    counter.increment();
}
```

配置好之后，访问 http://localhost:8081/prometheus 即可看到采集数据。

8.3 Prometheus 工具

Prometheus 是一个开源的系统监控和警报工具包，最初是在 SoundCloud 上构建的。Prometheus 自 2012 年面市至今，许多公司和组织都在使用，因此其拥有非常活跃的开发人员和用户社区。现在 Prometheus 是一个独立的开源项目，并在 2016 年加入了 Cloud Native Computing Foundation，成为继 Kubernetes 之后的第二个托管的项目。

8.3.1 Prometheus 工具简介

Prometheus 之所以流行，是因为其本身具有以下特性：
- 多维度的数据模型，可以通过指标名称和键值对定义时间序列数据。

- 支持 PromQL 查询语言，在多维数据模型中可以灵活地查询数据。
- 不依赖分布式的存储方式，单个服务器节点可以自主抓取数据。
- 通过 HTTP PULL 方式收集时间序列数据。
- 通过中间网关完成时间序列推送。
- 可以通过服务或静态配置发现监控目标。
- 支持多种图形和仪表板。

Prometheus 框架如图 8.1 所示。

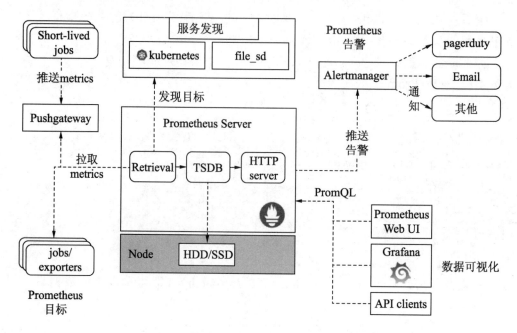

图 8.1　Prometheus 框架

Prometheus 是一个生态系统，里面包含了许多组件。其中，Prometheus Server 用于抓取数据和存储时间序列数据，Pushgateway 可以作为一个中转站运行短时间的任务，Alertmanager 可以用来处理报警，Prometheus Web UI 提供了 Web 接口，可用于简单的可视化、语句执行或者服务状态监控。

Prometheus 可以针对纯数字的时间序列数据提供多维度的收集与查询功能，并且对外依赖特别少。如果要求查询的数据完全准确的话，则不建议使用 Prometheus。

Prometheus 的度量类型有以下 4 种：

- Counter：某个指标的累计数据。
- Gauge：某个指标的瞬时采集数据。
- Histogra：一次抓取时返回的多个数据值，包括<basename>_bucket{le="<upper

inclusive bound>"}、<basename>_sum 和<basename>_count(等价于<basename>
_bucket{le="+Inf"}）。

- Summary：与 Histogra 类似，一次抓取也可以返回多个数据，包括<basename>
{quantile="<φ>"}、<basename>_sum 和<basename>_count。

8.3.2　快速搭建 Prometheus

Prometheus 可以看作是一个监控平台，通过监控目标暴露出来的 HTTP 端点进行指标数据的抓取。本节将讲解如何安装和配置 Prometheus，以及如何通过 Prometheus 监控应用程序。

（1）下载 Prometheus 包。下载地址为 https://prometheus.io/download/，选择适合自己的包即可。下载之后，将安装包解压到本地。

（2）修改配置文件。解压 Prometheus 包后，路径下有一个名为 prometheus.yml 的配置文件，内容如下：

```
# my global config
global:
  scrape_interval:     15s # Set the scrape interval to every 15
seconds. Default is every 1 minute.
  evaluation_interval: 15s # Evaluate rules every 15 seconds. The
default is every 1 minute.
  # scrape_timeout is set to the global default (10s).

# Alertmanager configuration
alerting:
  alertmanagers:
  - static_configs:
    - targets:
      # - alertmanager:9093

# Load rules once and periodically evaluate them according to the global
'evaluation_interval'.
rule_files:
  # - "first_rules.yml"
  # - "second_rules.yml"

# A scrape configuration containing exactly one endpoint to scrape:
# Here it's Prometheus itself.
scrape_configs:
  # The job name is added as a label `job=<job_name>` to any timeseries
```

```
scraped from this config.
  - job_name: 'prometheus'

    # metrics_path defaults to '/metrics'
    # scheme defaults to 'http'.

    static_configs:
    - targets: ['localhost:9090']
```

配置文件中的 global 是全局配置，alerting.alertmagagers 配置的是报警信息，rules_files 是其他配置文件，scape_configs 是一些定时抓取的 URL。抓取配置可以发现应用程序暴露的端点信息，例如：

```
- job_name: 'user'
  static_configs:
  - targets: ['localhost:8081']
```

（3）启动 Prometheus，服务端开始抓取数据。Prometheus Server 启动之后，访问 http://localhost:9090/metrics 即可看到抓取的数据。部分信息如下：

```
# HELP go_gc_duration_seconds A summary of the pause duration of garbage
collection cycles.
# TYPE go_gc_duration_seconds summary
go_gc_duration_seconds{quantile="0"} 0
go_gc_duration_seconds{quantile="0.25"} 0
go_gc_duration_seconds{quantile="0.5"} 0
go_gc_duration_seconds{quantile="0.75"} 0.0010005
go_gc_duration_seconds{quantile="1"} 0.0089951
go_gc_duration_seconds_sum 0.0139949
go_gc_duration_seconds_count 13
# HELP go_goroutines Number of goroutines that currently exist.
# TYPE go_goroutines gauge
go_goroutines 35
# HELP go_info Information about the Go environment.
# TYPE go_info gauge
go_info{version="go1.15.6"} 1
# HELP go_memstats_alloc_bytes Number of bytes allocated and still in
use.
# TYPE go_memstats_alloc_bytes gauge
go_memstats_alloc_bytes 2.9598424e+07
# HELP go_memstats_alloc_bytes_total Total number of bytes allocated,
even if freed.
# TYPE go_memstats_alloc_bytes_total counter
go_memstats_alloc_bytes_total 8.1223112e+07
# HELP go_memstats_buck_hash_sys_bytes Number of bytes used by the
```

```
profiling bucket hash table.
# TYPE go_memstats_buck_hash_sys_bytes gauge
go_memstats_buck_hash_sys_bytes 1.470448e+06
```

打开 http://localhost:9090/graph 访问管理页面，如图 8.2 所示。

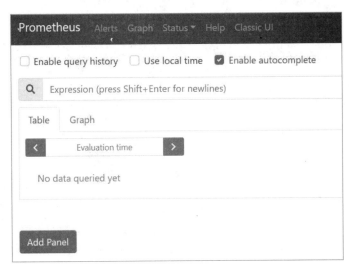

图 8.2　Prometheus 管理界面

通过执行表达式，可以查询到想要的抓取数据。如图 8.3 所示为与查询时间序列 http_server_requests_seconds_bucket 相关的数据。

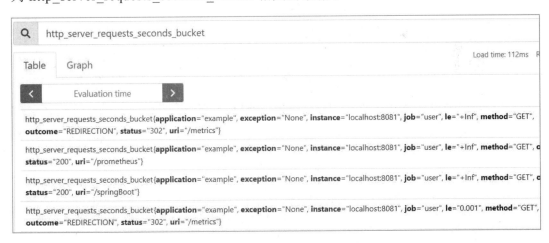

图 8.3　Prometheus 查询

可以选择以图表的方式展示查询结果，如图 8.4 所示。

Prometheus 存储的数据是以时间序列的方式展示的，通常定义 metrics 时会包括一个名称和多个键值对的标签，通用示例如下：

```
<metric name>{<label name>=<label value>, ...}
```

例如，如果一个 metrics 名为 api_http_requests_total，标签键值对是 method="POST" 和 handler="/messages"，则一个时间序列如下：

```
api_http_requests_total{method="POST", handler="/messages"}
```

更多的查询例子，可以参考 Prometheus 官方文档。

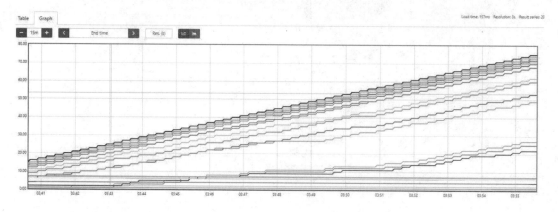

图 8.4　Prometheus 指标统计

8.4　Grafana 工具

Grafana 是一个开源的可视化与分析软件，允许用户查询、可视化、报警和分析指标数据。总体来说，Grafana 可以把时间序列数据库（TSDB）数据转换为各种可视化的图形。本节主要讲解 Grafana 的安装与集成 Prometheus 的过程。

8.4.1　Grafana 的安装

Grafana 的搭建步骤如下：

（1）下载 Grafama 包。访问 https://grafana.com/grafana/download 选择自己需要的平台安装包并下载。

（2）启动 Grafana。解压安装包之后，在 bin 目录下执行启动命令即可启动 Grafana。启动之后访问 http://localhost:3000/即可打开 Grafana 的管理页面，如图 8.5 所示。

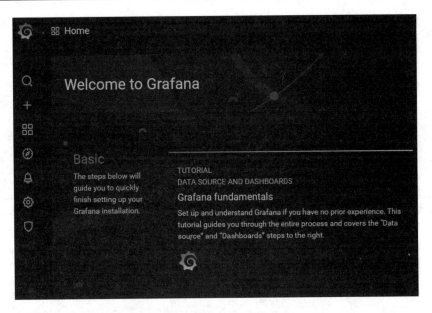

图 8.5　Grafana 欢迎页面

8.4.2　Grafana 集成 Prometheus

Grafana 可以导入多种数据源，本节只讲解集成 Prometheus 数据源的方式。

（1）新建 Data Source。单击 Grafana 左侧工具栏中的 Configuration 按钮，选择 Data Sources 选项，如图 8.6 所示。

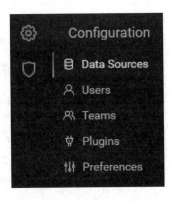

图 8.6　工具栏

（2）打开添加 Data Source 的页面，单击 Add data Source 按钮，如图 8.7 所示。

（3）在进入的数据源格式页面中选择 Prometheus 格式的 Data Source，如图 8.8 所示。

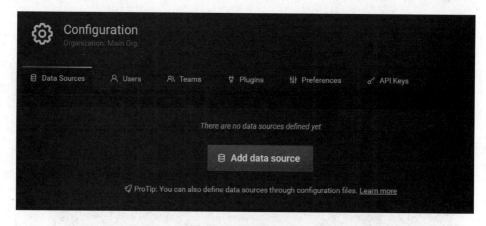

图 8.7　添加数据源

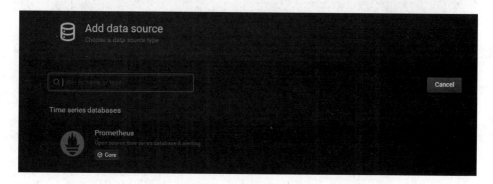

图 8.8　选择数据源

（4）打开配置页面，配置 Prometheus 的 URL 为 http://localhost:9090/，如图 8.9 所示。

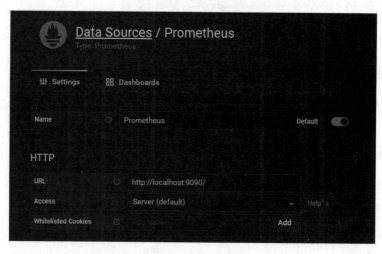

图 8.9　配置 Prometheus 的 URL 地址

（5）新建 Dashboard。单击工具栏中的 Dashboards 按钮，选择 manage 选项，打开如图 8.10 所示的页面，可以看到 Prometheus 已经有了一些预定义的 Dashboard，这里选择 Spring Boot 模板。

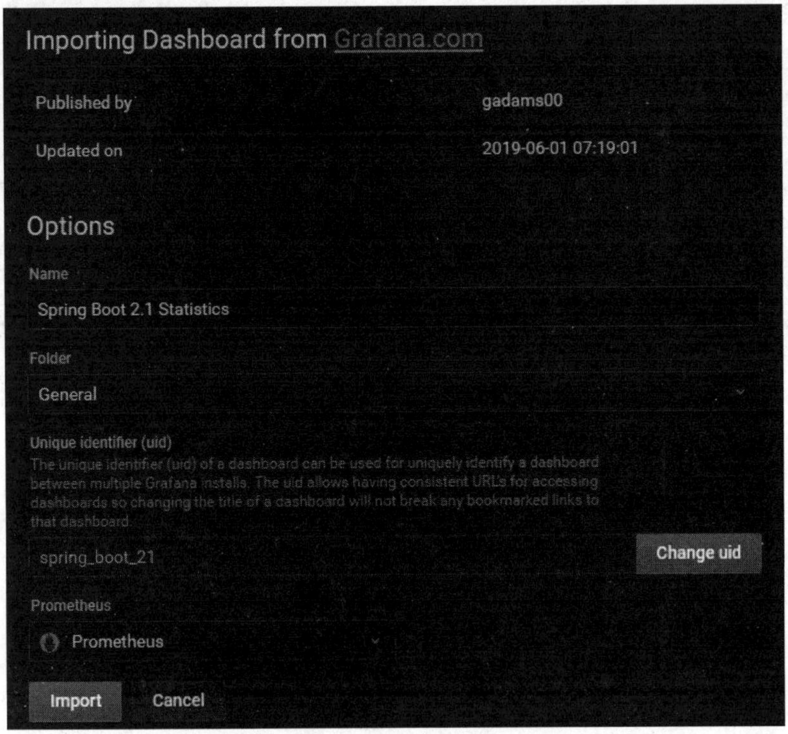

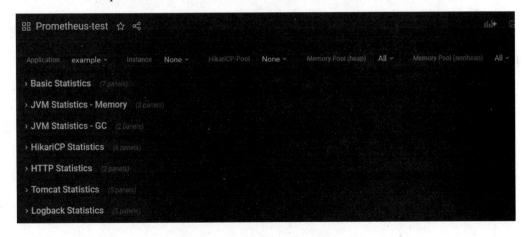

图 8.10　选择 Spring Boot 模板

（6）单击 Import 按钮，即可引入 Prometheus 数据源，如图 8.11 所示。

图 8.11　引入 Prometheus 数据源

最终效果如图 8.12 所示。

图 8.12　最终效果图

8.5　总　　结

本章主要介绍了 Spring Boot Actuator 提供的 Endpoints，然后引出了 Micrometer 概念，同时介绍了 Prometheus 监控系统，通过 Metrics 将 Prometheus 监控系统整合到 Grafana 中，然后配置仪表盘指标，并搭建了一个业务指标的监控系统，使应用系统更加健壮。

第 9 章 Spring Cloud 网关

　　微服务架构把臃肿的服务拆分为多个服务进行治理。在这种情况下，有多个服务就会有多个接口和多个域名，这会造成客户端访问的混乱等问题。网关可方便地对多个微服务接口进行管理，对客户端提供统一的服务入口，同时还可以对鉴权、限流和降级进行控制。本章主要讲解 Spring Cloud 网关的使用方法。

9.1　API 网关

　　API 网关本身也是一个服务。作为一种微服务的统一入口，API 网关不仅为客户端提供接口，而且还增加了一些功能，如权限管理、指标监控、限流、降级、缓存及负载均衡等。简而言之，网关为客户端提供统一的访问入口，并做一些非业务的逻辑处理。

9.1.1　网关简介

　　当前常见的 API 主要有基于 OpenResty 的 Kong、基于 Go 语言开发的 Tyk、基于 Netflix 开源的 Zuul 及 Spring Cloud 出品的 Spring Cloud 网关。本节主要介绍 Spring Cloud 网关。

　　API 网关作为业务网关，可以定制与扩展，一般包含以下功能和特性：

- 性能：具有高可用、负载均衡和容错机制等特性。
- 安全：提供权限认证。
- 全链路日志：可以进行全链路调用系统分析。
- 缓存：返回数据缓存。
- 监控：进行 QPS 和响应时间等的信息监控。
- 限流：进行流量限流控制。
- 降级：进行系统降级与熔断。
- 路由：提供动态路由规则。

　　Spring Cloud 网关提供了一个基于 Spring 5、Spring Boot 2.x 和 Project Reactor 等技术的 API 网关，旨在为微服务架构提供一种简单、有效的方式对接口进行路由调用，并提供安全、监控、埋点和限流等方面的功能。Spring Cloud 网关是基于 Spring WebFlux 框架实现的，而 Spring WebFlux 框架的底层是基于 Reactor 模式的 Netty 框架。

　　Spring Cloud 网关的主要特性如下：

- 基于 Spring 5、Spring Boot 2.x 及 Project Reactor 进行架构。
- 集成 Hystrix 断路器。
- 集成服务发现。
- 集成 Actuator API。
- 提供动态路由规则。
- 可以进行限流。
- 提供 Predicates 和 Filters 规则。

下面介绍 Spring Cloud 网关中的 3 个重要概念。

- Route（路由）：Spring Cloud 网关的基本组成模块。Route 模块是由一个 ID、目标 URI、一组断言和一组过滤器来定义的，如果断言为真，则路由匹配，目标 URI 就会被访问。

- Predicate（断言）：从 Java 8 以后提供了断言函数。Spring Cloud 网关中的断言函数的输入类型是 ServerWebExchange，该函数允许开发者定义来自于 HTTP 请求中的任何信息，如请求头和参数等。

- Filter（过滤器）：Spring Framework GatewayFilter 的实例，由特定工厂生成，可以对请求和响应进行修改。

　　Spring Cloud 网关的架构如图 9.1 所示。

　　从图 9.1 中可以看到，客户端首先向 Spring Cloud 网关发出请求，然后在 Gateway Handler Mapping 中找到与请求相匹配的路由，将其发送给 Gateway Web Handler 进行处理，Gateway Web Handler 再通过指定的 Filter Chain 将请

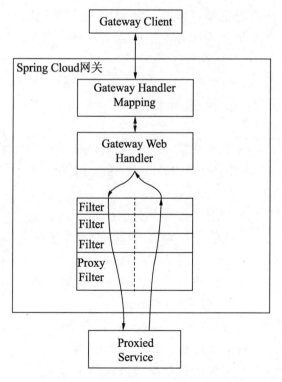

图 9.1　Spring Cloud 网关的架构

求发送给代理服务执行业务逻辑，最终将结果返回。过滤器可能会在发送代理服务之前（pre）或之后（post）执行过滤逻辑。

9.1.2　网关示例

配置断言与过滤器一般有两种方式，一种是快捷方式，另一种是全展开参数方式。下面分别给出两种官方示例。

下面的例子使用快捷方式定义一个 Cookie 断言，其中有两个参数，表示 Cookie 名称的是 mycookie，Cookie 的值为 mycookievalue。

```yaml
spring:
  cloud:
    gateway:
      routes:
      - id: after_route
        uri: https://example.org
        predicates:
        - Cookie=mycookie,mycookievalue
```

下面的例子使用全展开参数的方式配置断言，其类似于标准的 YAML 配置方式。本例提供了 name key 和 args key，其中，args key 的值是一个 map 类型的参数。

```yaml
spring:
  cloud:
    gateway:
      routes:
      - id: after_route
        uri: https://example.org
        predicates:
        - name: Cookie
          args:
            name: mycookie
            regexp: mycookievalue
```

9.2　核心配置

Spring Cloud 网关路由匹配是 Spring WebFlux HandlerMapping 处理的一部分。Spring Cloud 网关包含许多内置的路由断言工厂，这些内置断言可以匹配 HTTP 请求的不同属性，同时多个断言可以组合在一起使用。本节主要讲解 Spring Cloud Gateway 中的一些常用配置。

9.2.1 Route Predicate 配置

1. After Route Predicate Factory配置

After Route Predicate Factory 接收一个时间参数，当在指定时间之后进行请求时，匹配 After Route Predicate 断言。下面是 After Route Predicate 断言配置示例，代码如下：

```
spring:
  cloud:
    gateway:
      routes:
      - id: after_route
        uri: https://example.org
        predicates:
        - After=2017-01-20T17:42:47.789-07:00[America/Denver]
```

2. Before Route Predicate Factory配置

Before Route Predicate Factory 接收一个时间参数，当在指定时间之前进行请求时，匹配 Before Route Predicate 断言。下面是 Before Route Predicate 断言配置示例代码：

```
spring:
  cloud:
    gateway:
      routes:
      - id: before_route
        uri: https://example.org
        predicates:
        - Before=2017-01-20T17:42:47.789-07:00[America/Denver]
```

3. Between Route Predicate Factory配置

Between Route Predicate Factory 接收两个时间参数。当请求时间在两个时间参数之间时，匹配 Between Route Predicate 断言。代码如下：

```
spring:
  cloud:
    gateway:
      routes:
      - id: between_route
        uri: https://example.org
        predicates:
        - Between=2017-01-20T17:42:47.789-07:00[America/Denver],
2017-01-21T17:42:47.789-07:00[America/Denver]
```

4．Cookie Route Predicate Factory配置

Cookie Route Predicate Factory 接收两个参数，一个是 cookie 名称，另一个是正则表达式。当请求中的 cookie 名称和值匹配断言设置的 cookie 名称和正则表达式时通过。下面的这个例子中，断言要求的 cookie 名称是 chocolate，cookie 的值匹配 ch.p 正则表达式。

```
spring:
  cloud:
    gateway:
      routes:
      - id: cookie_route
        uri: https://example.org
        predicates:
        - Cookie=chocolate, ch.p
```

5．Header Route Predicate Factory配置

Header Route Predicate Factory 接收两个参数，一个是 header 名称，另一个是正则表达式。当请求中的 cookie 名称和值匹配断言设置的 header 名称和正则表达式时通过。下面的这个例子中，断言要求的 header 名称是 X-Request-Id，header 属性值匹配\d+正则表达式。

```
spring:
  cloud:
    gateway:
      routes:
      - id: header_route
        uri: https://example.org
        predicates:
        - Header=X-Request-Id, \d+
```

6．Host Route Predicate Factory配置

Host Route Predicate Factory 接收一个参数，参数值包含一系列域名。下面的示例代码可以匹配 www.somehost.org、beta.somehost.org 或 www.anotherhost.org 域名。

```
spring:
  cloud:
    gateway:
      routes:
      - id: host_route
        uri: https://example.org
        predicates:
        - Host=**.somehost.org,**.anotherhost.org
```

7. Method Route Predicate Factory配置

Method Route Predicate Factory 接收一个 HTTP 方法参数，可以有一个或多个值。匹配 GET 和 POST 方法的请求，示例代码如下：

```
spring:
  cloud:
    gateway:
      routes:
      - id: method_route
        uri: https://example.org
        predicates:
        - Method=GET,POST
```

8. Path Route Predicate Factory配置

Path Route Predicate Factory 匹配请求路径的表达式。匹配/red/1、/red/blue 和 /blue/green 请求的示例代码如下：

```
spring:
  cloud:
    gateway:
      routes:
      - id: path_route
        uri: https://example.org
        predicates:
        - Path=/red/{segment},/blue/{segment}
```

9. Query Route Predicate Factory配置

Query Route Predicate Factory 接收两个参数，一个是必传参数，另一个是可选表达式。在下面的例子中，要求请求需要匹配 red 参数及 gree.表达式参数。

```
spring:
  cloud:
    gateway:
      routes:
      - id: query_route
        uri: https://example.org
        predicates:
        - Query=red, gree.
```

10. RemoteAddr Route Predicate Factory配置

Remoteaddr Route Predicate Factory 接收一系列 IPv4/IPv6 地址。匹配 192.168.1.10 地址请求的示例代码如下：

```
spring:
  cloud:
    gateway:
```

```
      routes:
      - id: remoteaddr_route
        uri: https://example.org
        predicates:
        - RemoteAddr=192.168.1.1/24
```

11. Weight Route Predicate Factory配置

Weight Route Predicate Factory 接收两个参数，即 group 和 weight。下面的例子表示 80%的请求被路由到 weighthigh.org 域名，20%的请求被路由调用到 weighlow.org 域名。

```
spring:
  cloud:
    gateway:
      routes:
      - id: weight_high
        uri: https://weighthigh.org
        predicates:
        - Weight=group1, 8
      - id: weight_low
        uri: https://weightlow.org
        predicates:
        - Weight=group1, 2
```

9.2.2　GatewayFilter 配置

路由过滤器允许修改 HTTP 请求和 HTTP 响应数据。Spring Cloud 网关内置了很多过滤器。本节主要介绍这些内置的过滤器与匹配方式。

1. AddRequestHeader GatewayFilter Factory配置

AddRequestHeader GatewayFilter Factory 接收两个参数：name 和 value。为请求添加 X-Request-red:blue header 属性的示例代码如下：

```
spring:
  cloud:
    gateway:
      routes:
      - id: add_request_header_route
        uri: https://example.org
        filters:
        - AddRequestHeader=X-Request-red, blue.
```

2. AddRequestParameter GatewayFilter Factory配置

AddRequestParameter GatewayFilter Factory 可以为 HTTP 请求增加请求参数。为请求添加 red=blue 参数的示例代码如下：

```
spring:
  cloud:
    gateway:
      routes:
      - id: add_request_parameter_route
        uri: https://example.org
        filters:
        - AddRequestParameter=red, blue.
```

3. AddResponseHeader GatewayFilter Factory配置

AddResponseHeader GatewayFilter Factory 为 HTTP 响应头添加属性。为请求响应头添加 X-Response-Foo:Bar 属性的示例代码如下：

```
spring:
  cloud:
    gateway:
      routes:
      - id: add_response_header_route
        uri: https://example.org
        filters:
        - AddResponseHeader=X-Response-Foo, Bar
```

4. MapRequestHeader GatewayFilter Factory配置

MapRequestHeader GatewayFilter Factory 会将 fromHeader 中的值添加到 toHeader 中。将 Blue 的属性值添加到 X-Request-Red 头属性中，示例代码如下：

```
spring:
  cloud:
    gateway:
      routes:
      - id: map_request_header_route
        uri: https://example.org
        filters:
        - MapRequestHeader=Blue, X-Request-Red
```

5. PrefixPath GatewayFilter Factory配置

PrefixPath GatewayFilter Factory 为请求路径添加前缀。为请求的路径添加 /mypath 路径，例如请求/hello，则被修改为/mypath/hello，示例代码如下：

```
spring:
  cloud:
    gateway:
      routes:
      - id: prefixpath_route
        uri: https://example.org
        filters:
        - PrefixPath=/mypath
```

6．RedirectTo GatewayFilter Factory配置

RedirectTo GatewayFilter Factory 是重定向配置。例如，返回状态码 302，并且重定向到 https://acme.org，代码如下：

```
spring:
  cloud:
    gateway:
      routes:
      - id: prefixpath_route
        uri: https://example.org
        filters:
        - RedirectTo=302, https://acme.org
```

7．RemoveRequestHeader GatewayFilter Factory配置

RemoveRequestHeader GatewayFilter Factory 用于删除请求中的特定 header。例如，删除 X-Request-Foo 属性，代码如下：

```
spring:
  cloud:
    gateway:
      routes:
      - id: removerequestheader_route
        uri: https://example.org
        filters:
        - RemoveRequestHeader=X-Request-Foo
```

8．RemoveResponseHeader GatewayFilter Factory配置

RemoveResponseHeader GatewayFilter Factory 用于删除响应头属性。例如，删除响应头中的 X-Response-Foo 属性，代码如下：

```
spring:
  cloud:
    gateway:
      routes:
      - id: removeresponseheader_route
        uri: https://example.org
        filters:
        - RemoveResponseHeader=X-Response-Foo
```

9．RemoveRequestParameter GatewayFilter Factory配置

RemoveRequestParameter GatewayFilter Factory 用于删除特定的请求参数。例如，删除请求参数 red，代码如下：

```
spring:
  cloud:
    gateway:
```

```
  routes:
  - id: removerequestparameter_route
    uri: https://example.org
    filters:
    - RemoveRequestParameter=red
```

10. Retry GatewayFilter Factory配置

Retry GatewayFilter Factory 提供请求重试配置。例如，一个简单的重试配置方式的代码如下：

```
spring:
  cloud:
    gateway:
      routes:
      - id: retry_test
        uri: http://localhost:8080/flakey
        predicates:
        - Host=*.retry.com
        filters:
        - name: Retry
          args:
            retries: 3
            statuses: BAD_GATEWAY
            methods: GET,POST
            backoff:
              firstBackoff: 10ms
              maxBackoff: 50ms
              factor: 2
              basedOnPreviousValue: false
```

11. FallbackHeaders GatewayFilter Factory配置

FallbackHeaders GatewayFilter Factory 可以提供熔断降级功能。Fallback 配置方式的示例代码如下：

```
spring:
  cloud:
    gateway:
      routes:
      - id: retry_test
        uri: http://localhost:8080/flakey
        predicates:
        - Host=*.retry.com
        filters:
        - name: Retry
          args:
            retries: 3
            statuses: BAD_GATEWAY
            methods: GET,POST
            backoff:
              firstBackoff: 10ms
              maxBackoff: 50ms
```

```
            factor: 2
            basedOnPreviousValue: false
```

12. RequestRateLimiter GatewayFilter Factory配置

RequestRateLimiter GatewayFilter Factory 提供请求重试配置。一个简单的重试配置方式的示例代码如下：

```
spring:
  cloud:
    gateway:
      routes:
      - id: retry_test
        uri: http://localhost:8080/flakey
        predicates:
        - Host=*.retry.com
        filters:
        - name: Retry
          args:
            retries: 3
            statuses: BAD_GATEWAY
            methods: GET,POST
            backoff:
              firstBackoff: 10ms
              maxBackoff: 50ms
              factor: 2
              basedOnPreviousValue: false
```

9.2.3　全局配置

Spring Cloud 网关除了核心配置外，还提供了其他的全局配置信息，如超时配置和 CORS 配置。

超时配置方式的示例代码如下：

```
spring:
  cloud:
    gateway:
      httpclient:
        connect-timeout: 1000
        response-timeout: 5s
```

CORS 配置方式的示例代码如下：

```
spring:
  cloud:
    gateway:
      globalcors:
        cors-configurations:
          '[/**]':
            allowedOrigins: "https://docs.spring.io"
            allowedMethods:
            - GET
```

9.3 总 结

本章主要讲解了 Spring Cloud 网关作为 API 网关的原理与使用方法。Spring Cloud 网关作为 Spring 生态的主要部分，为微服务架构提供了 API 路由管理和统一的入口环境，使微服务接口管理更加方便且更容易扩展。

第 10 章　Spring Boot 测试与部署

软件测试是软件开发中必不可少的一个环节。对于开发者来说，编写测试用例也是开发中的一项重要工作。测试用例可以检测代码编写的质量，帮助开发人员及时发现和处理程序的漏洞，同时更深入地了解业务需求。本章主要讲解 Spring Boot Test 的使用示例，以及如何通过 Spring Boot 简化应用程序的打包方式，并部署应用程序。

10.1　Spring Boot 测试

Spring Boot 提供了许多公用方法与注解，可以帮助开发者测试应用程序。Spring Boot 主要包括 spring-boot-test 与 spring-boot-test-autoconfigure 核心模块。Spring Boot 提供了 spring-boot-starter-test 的 Starter，主要集成了 JUnit Jupiter、AssertJ 和 Hamcrest 等常用测试框架。

10.1.1　Spring Boot 测试简介

在 Spring Boot Test 诞生之前，常用的测试框架是 JUnit 等。Spring Boot Test 诞生后，集成了上述测试框架。Spring 框架的一个主要优势是更容易集成单元测试，可以通过 new 操作符直接生成实例，或者用 mock 对象代替真实的依赖。通常，测试不只是单元测试，还有集成测试，Spring Boot Test 可以在不部署应用程序的前提下进行集成测试。

使用 Spring Boot Test，需要在项目中增加 spring-boot-starter-test 的 Starter 依赖，具体如下：

```
<dependency>
  <groupId>org.springframework.boot</groupId>
  <artifactId>spring-boot-starter-test</artifactId>
  <scope>test</scope>
</dependency>
```

使用 @SpringBootTest 注解，即可进行测试。

如果项目中依赖 spring-boot-starter-test，则自动添加以下类库。
- JUnit 5：标准的测试框架。
- Spring Test 与 Spring Boot Test：集成测试与公共类。
- AssertJ：断言库。
- Hamcrest：matcher 库。
- Mockito：mock 库。
- JSONassert：为 JSON 提供断言功能。
- JsonPath：为 JSON 提供 XPath 功能。

通常情况下，Spring Boot Test 支持的测试种类可以分为以下 3 种：
- 单元测试：主要用于测试类功能等。
- 切片测试：介于单元测试与集成测试之间，在特定环境下才能执行。
- 集成测试：测试一个完整的功能逻辑。

10.1.2　核心注解

为了避免复杂的配置，Spring 引入了大量的注解方式进行测试，这样可以减轻很多工作量。让读者理解并学会使用这些注解是本节学习的主要目标，了解这些注解，可以帮助读者更加容易地掌握 Spring Boot Test 的整个框架。

1．@SpringBootTest注解

Spring Boot 用@SpringBootTest 注解替代了 spring-test 中的@ContextConfiguration 注解，该注解可以创建 ApplicationContext，而且还添加了一些其他注解来测试特定的应用。使用@SpringBootTest 的 WebEnvironment 属性来修改测试的运行方式。
- MOCK：加载 Web 应用程序上下文并提供模拟的 Web 环境。该注解不会启动嵌入的服务器，可以结合@AutoConfigureMockMvc 和@AutoConfigureWebTest-Client 注解使用。
- RANDOM_PORT：加载 WebServerApplicationContext 并提供真实的 Web 环境，嵌入的服务器启动后可以监听随机端口。
- DEFINED_PORT：加载 WebServerApplicationContext 并提供真实的 Web 环境，嵌入的服务器启动后可以监听特定的端口。特定的端口可以从 application.properties 获取，也可以设置为默认的 8080 端口。
- NONE：使用 SpringApplication 加载 ApplicationContext，但不提供任何 Web 环境。

示例代码如下：

```
import org.junit.jupiter.api.Test;

import org.springframework.beans.factory.annotation.Autowired;
import org.springframework.boot.test.context.SpringBootTest;
import org.springframework.boot.test.context.SpringBootTest.Web
Environment;
import org.springframework.boot.test.web.client.TestRestTemplate;

import static org.assertj.core.api.Assertions.assertThat;
//定义测试类
@SpringBootTest(webEnvironment = WebEnvironment.RANDOM_PORT)
class RandomPortTestRestTemplateExampleTests {

    @Test
    void exampleTest(@Autowired TestRestTemplate restTemplate) {
        String body = restTemplate.getForObject("/", String.class);
        assertThat(body).isEqualTo("Hello World");  //返回结果断言
    }

}
```

2．@RunWith注解

Spring Boot Test 默认使用 JUnit 5 框架，@RunWith(SpringRunner.class)注解可
方便开发者使用 JUnit 4 框架。使用方式如下：

```
@RunWith(SpringRunner.class)
@SpringBootTest(webEnvironment = SpringBootTest.WebEnvironment.
RANDOM_PORT)
class DemoApplicationTests { ... }
```

3．@WebMvcTest注解

如果要测试 Spring MVC controllers 是否按预期那样工作，则用@WebMvcTest
注解。@WebMvcTest 注解可自动配置 Spring MVC，并会限制扫描@Controller 和
@ControllerAdvice 等注解的 Bean。

通常，@WebMvcTest 仅限于单个 Controller，并结合@MockBean 注解提供对某
个类的模拟实现。@WebMvcTest 还会自动配置 MockMvc。MockMvc 提供了一个强
大的方法可以快速测试 MVC 控制器，并且无须启动一个完整的 HTTP 服务器。示
例代码如下：

```
import org.junit.jupiter.api.*;
import org.springframework.beans.factory.annotation.*;
import org.springframework.boot.test.autoconfigure.web.servlet.*;
import org.springframework.boot.test.mock.mockito.*;

import static org.assertj.core.api.Assertions.*;
import static org.mockito.BDDMockito.*;
import static org.springframework.test.web.servlet.request.MockMvc
RequestBuilders.*;
```

```
import static org.springframework.test.web.servlet.result.MockMvc
ResultMatchers.*;

@WebMvcTest(UserVehicleController.class)
class MyControllerTests {

    @Autowired
    private MockMvc mvc;                          //注入 MockMvc

    @MockBean
    private UserVehicleService userVehicleService;

    @Test
    void testExample() throws Exception {
        given(this.userVehicleService.getVehicleDetails("sboot"))
                .willReturn(new VehicleDetails("Honda", "Civic"));
        this.mvc.perform(get("/sboot/vehicle").accept(MediaType.
TEXT_PLAIN))
                .andExpect(status().isOk()).andExpect(content().
string("Honda Civic"));
    }

}
```

4. @WebFluxTest注解

@DataJpaTest 注解可以测试 JPA 应用。默认情况下，该注解会扫描@Entity 注解的类及 repositories 类。@DataJpaTest 注解不会扫描@Component 和@Configuration-Properties 注解的对象。示例代码如下：

```
import org.junit.jupiter.api.Test;
import org.springframework.boot.test.autoconfigure.orm.jpa.*;

import static org.assertj.core.api.Assertions.*;
//JPA 测试
@DataJpaTest
class ExampleRepositoryTests {

    @Autowired
    private TestEntityManager entityManager;

    @Autowired
    private UserRepository repository;

    @Test
    void testExample() throws Exception {
        this.entityManager.persist(new User("sboot", "1234"));
        User user = this.repository.findByUsername("sboot");
        assertThat(user.getUsername()).isEqualTo("sboot");
        //断言用户名
        assertThat(user.getVin()).isEqualTo("1234");
    }

}
```

5. @DataMongoTest注解

@DataMongoTest 注解可以用来测试 MongoDB 程序。默认会配置一个嵌入的 MongoDB 并配置一个 MongoTemplate 对象，然后扫描@Document 注解类。示例代码如下：

```
import org.springframework.beans.factory.annotation.Autowired;
import org.springframework.boot.test.autoconfigure.data.mongo.Data
MongoTest;
import org.springframework.data.mongodb.core.MongoTemplate;
//Mongo 测试
@DataMongoTest
class ExampleDataMongoTests {

    @Autowired
    private MongoTemplate mongoTemplate;

    ...
}
```

6. @DataRedisTest注解

@DataRedisTest 注解用来测试 Redis 应用程序。示例代码如下：

```
import org.springframework.beans.factory.annotation.Autowired;
import org.springframework.boot.test.autoconfigure.data.redis.Data
RedisTest;
//Redis 测试
@DataRedisTest
class ExampleDataRedisTests {

    @Autowired
    private YourRepository repository;

    ...
}
```

7. @RestClientTest注解

@RestClientTest 注解用来测试 REST clients。默认情况下会自动配置 Jackson、GSON、Jsonb、RestTemplateBuilder，以及对 MockRestServiceServer 的支持。示例代码如下：

```
@RestClientTest(RemoteVehicleDetailsService.class)
class ExampleRestClientTest {

    @Autowired
    private RemoteVehicleDetailsService service;

    @Autowired
    private MockRestServiceServer server;
```

```
    @Test
    void getVehicleDetailsWhenResultIsSuccessShouldReturnDetails()
        throws Exception {
      this.server.expect(requestTo("/greet/details"))
          .andRespond(withSuccess("hello", MediaType.TEXT_PLAIN));
      String greeting = this.service.callRestService();
      assertThat(greeting).isEqualTo("hello");
    }

}
```

8. @AutoConfigureMockMvc注解

@SpringBootTest 注解通常不会启动服务器，如果在测试中用 Web 端点进行测试，可以添加 MockMvc 配置。示例代码如下：

```
import org.junit.jupiter.api.Test;

import org.springframework.beans.factory.annotation.Autowired;
import org.springframework.boot.test.autoconfigure.web.servlet.
AutoConfigureMockMvc;
import org.springframework.boot.test.context.SpringBootTest;
import org.springframework.test.web.servlet.MockMvc;

import static org.springframework.test.web.servlet.request.MockMvc
RequestBuilders.get;
import static org.springframework.test.web.servlet.result.MockMvc
ResultMatchers.content;
import static org.springframework.test.web.servlet.result.MockMvc
ResultMatchers.status;

@SpringBootTest
@AutoConfigureMockMvc
class MockMvcExampleTests {

    @Test
    void exampleTest(@Autowired MockMvc mvc) throws Exception {
        mvc.perform(get("/")).andExpect(status().isOk()).andExpect
(content().string("Hello World"));
    }

}
```

9. @MockBean注解

测试的过程中某些场景需要模拟一些组件，这时就需要使用@MockBean 注解。示例代码如下：

```
import org.junit.jupiter.api.Test;
import org.springframework.beans.factory.annotation.*;
import org.springframework.boot.test.context.*;
import org.springframework.boot.test.mock.mockito.*;
```

```
import static org.assertj.core.api.Assertions.*;
import static org.mockito.BDDMockito.*;

@SpringBootTest
class MyTests {

    @MockBean
    private RemoteService remoteService;

    @Autowired
    private Reverser reverser;

    @Test
    void exampleTest() {
        given(this.remoteService.someCall()).willReturn("mock");
        String reverse = reverser.reverseSomeCall();
        assertThat(reverse).isEqualTo("kcom");
    }

}
```

10.2　Spring Boot 部署

Spring Boot 的灵活打包方式在部署应用程序时也提供了大量的部署方式。开发中可以将 Spring Boot 应用程序部署到各种云平台或虚拟机上。本节主要介绍一些常见的部署场景。

10.2.1　JAR 包部署

Spring Boot 通常采用 JAR 包进行部署并提供 Maven 打包插件，代码如下：

```
<plugin>
    <groupId>org.springframework.boot</groupId>
    <artifactId>spring-boot-maven-plugin</artifactId>
    <configuration>
        <executable>true</executable>
    </configuration>
</plugin>
```

执行 Maven 命令：

```
mvn clean package
```

打好 JAR 包后，执行以下命令即可完成 JAR 包的部署。

```
java -jar <you-jar-file-name>.jar
```

10.2.2 Docker 部署

Docker 是一个虚拟环境容器，可以将开发环境、代码及配置文件等一并打包到这个容器中，并发布并应用到任意平台上。如果要在 Docker 环境中运行 Spring Boot 应用程序，需要一个 Docker 镜像文件。

构建 Docker 镜像文件需要 Dockerfile 文件，例如：

```
FROM openjdk:8-jdk-alpine
ARG JAR_FILE=target/*.jar
COPY ${JAR_FILE} app.jar
ENTRYPOINT ["java","-jar","/app.jar"]
```

打包镜像命令如下：

```
docker build -t springio/gs-spring-boot-docker .
```

运行镜像命令如下：

```
docker run -p 8080:8080 springio/gs-spring-boot-docker
```

10.3 总　　结

本章首先介绍了 Spring Boot 测试与核心注解的相关知识，并展示了一些测试用例。作为开发的一部分，测试也同样重要，因此开发者应该重视测试用例的编写。

第 11 章　Spring Boot 微服务
开发实例

前几章介绍了 Spring Boot 的基本框架与使用方法,以及微服务开发过程中涉及的中间组件。通过中间组件的组合使用,可以保障微服务开发的各个环节正常进行。本章将从一个实际项目出发,全面讲解如何搭建 Spring Boot 微服务应用。

11.1　项 目 描 述

某上市公司为了增加营业收入,打算推广会员业务,以吸引更多的用户开通会员。为此,公司运营人员定期定向地推出了一系列会员促销活动,如向新用户赠送一个月免费会员、会员秒杀、向老用户赠送优惠券等活动。本项目将从实际需求场景出发,进行具体的分析和拆解,开发一个促销活动的微服务应用。

11.1.1　项目需求

1．需求背景

上市公司发展遇到瓶颈,业务增收缓慢,公司高层领导决定整合业务,打包核心资源,推出会员服务,为公司开辟新的收入渠道,同时提升公司股价。为了快速推广会员业务,公司领导指派运营人员进行促销活动。

2．需求目标

通过促销活动,提升公司会员数量,增加公司营业收入,间接提升公司股价。

3．需求描述

具体需求如下:

- 运营人员可以通过后台操作来管理活动信息，如增加、修改、删除和查询活动信息等。
- 对满足特定条件的用户展示活动。
- 用户可以领取奖品。

11.1.2 需求分析

通过需求描述可知，对内需要开发一个后台管理系统，提供运营人员管理活动的信息入口。这里不讲解前端管理系统的开发过程，只提供后台服务接口程序。同时，对外需要提供活动的投递接口、活动奖品的领取接口，最后还应该有一个统一的 API 网关来统一管理对外接口。

11.2 数 据 结 构

后台服务接口与投放活动接口涉及关系型数据库 MySQL 与非关系型数据库 Redis。本节主要设计接口需要的数据结构。

11.2.1 MySQL 数据结构

根据需求描述，后台管理需要有一个促销活动的详情信息表。新建表 promotion 的结构如表 11.1 所示。

表 11.1 promotion表

表　　名	说　　明
id	主键
name	促销活动名称
begin_time	促销活动开始时间
end_time	促销活动结束时间
prize	促销活动奖品
create_time	创建时间
update_time	修改时间

建表语句如下：

```
CREATE TABLE `promotion` (
    `id` int(11) NOT NULL AUTO_INCREMENT COMMENT '主键 id',
    `name` varchar(255) NOT NULL COMMENT '促销活动名称',
    `begin_time` int(11) DEFAULT NULL COMMENT '促销活动开始时间',
    `end_time` int(11) DEFAULT NULL COMMENT '促销活动结束时间',
    `prize` varchar(128) DEFAULT NULL COMMENT '促销活动奖品',
    `create_time` timestamp DEFAULT NULL COMMENT '创建时间',
    `update_time` timestamp DEFAULT NULL COMMENT '修改时间',
    PRIMARY KEY (`id`)
) ENGINE=InnoDB AUTO_INCREMENT=1 DEFAULT CHARSET=utf8 COMMENT=
'促销活动表';
```

11.2.2　Redis 数据结构

Redis 作为内存存储数据库，其并发效率更高，因此在开发促销活动的微服务系统时，为了提高微服务接口的访问效率，采用 Redis 存储结构。

本项目需要两个 Redis 存储结构，一个是 Hash 结构，用来存储促销活动信息表，另一个是 String 类型结构，用于存储赠送奖品的记录表。

促销活动信息表采用 Hash 结构，其 key 格式为 promotion:{id}，其中，{id}为促销活动 id，hkey 与 hvalue 如表 11.2 所示。

表 11.2　Hash表结构

hkey	hvalue
name	促销活动的名称
beginTime	促销活动的开始时间
endTime	促销活动的结束时间
prize	促销活动的奖品

赠送奖品记录表采用 String 结构，如表 11.3 所示。

表 11.3　String表结构

key	value
promotion:{id}:{device}	1

每个设备领取成功后，置为 1。

11.3　项　目　开　发

通过对需求描述的分析可知，需要构建 3 个项目，即后台接口管理项目、促销活动微服务项目和网关项目。本节分别介绍这 3 个项目的开发过程。

11.3.1　后台接口管理项目

使用 https://start.spring.io/工具新建 promotion 项目，导入开发工具。新建相关的 package，整体项目结构如图 11.1 所示。

图 11.1　promotion 项目结构

（1）在 pom.xml 文件中添加相关依赖，代码如下：

```
<?xml version="1.0" encoding="UTF-8"?>
<project xmlns="http://maven.apache.org/POM/4.0.0" xmlns:xsi="http:
//www.w3.org/2001/XMLSchema-instance"
   xsi:schemaLocation="http://maven.apache.org/POM/4.0.0 https://
maven.apache.org/xsd/maven-4.0.0.xsd">
   <modelVersion>4.0.0</modelVersion>
   <parent>
      <groupId>org.springframework.boot</groupId>
```

```xml
        <artifactId>spring-boot-starter-parent</artifactId>
        <version>2.3.9.RELEASE</version>
        <relativePath/> <!-- lookup parent from repository -->
    </parent>
    <groupId>com.example.promotion</groupId>
    <artifactId>promotion</artifactId>
    <version>0.0.1-SNAPSHOT</version>
    <name>promotion</name>
    <description>Promotion project for Spring Boot</description>
    <properties>
        <java.version>1.8</java.version>
    </properties>
    <dependencies>
        <dependency>
            <groupId>org.springframework.boot</groupId>
            <artifactId>spring-boot-starter-actuator</artifactId>
        </dependency>
        <dependency>
            <groupId>io.micrometer</groupId>
            <artifactId>micrometer-registry-prometheus</artifactId>
        </dependency>
        <dependency>
            <groupId>org.springframework.boot</groupId>
            <artifactId>spring-boot-starter-data-jpa</artifactId>
        </dependency>
        <dependency>
            <groupId>org.springframework.boot</groupId>
            <artifactId>spring-boot-starter-data-redis</artifactId>
        </dependency>
        <dependency>
            <groupId>org.springframework.boot</groupId>
            <artifactId>spring-boot-starter-web</artifactId>
        </dependency>
        <dependency>
            <groupId>org.projectlombok</groupId>
            <artifactId>lombok</artifactId>
            <optional>true</optional>
        </dependency>
        <dependency>
            <groupId>org.springframework.boot</groupId>
            <artifactId>spring-boot-starter-test</artifactId>
            <scope>test</scope>
            <exclusions>
                <exclusion>
                    <groupId>org.junit.vintage</groupId>
                    <artifactId>junit-vintage-engine</artifactId>
                </exclusion>
            </exclusions>
        </dependency>
        <dependency>
            <groupId>org.springframework.boot</groupId>
            <artifactId>spring-boot-starter-log4j2</artifactId>
        </dependency>
        <dependency>
```

```xml
            <groupId>com.alibaba.cloud</groupId>
            <artifactId>spring-cloud-alibaba-dependencies</artifactId>
            <version>2.2.5.RELEASE</version>
            <type>pom</type>
            <scope>import</scope>
        </dependency>
        <dependency>
            <groupId>com.alibaba.cloud</groupId>
            <artifactId>spring-cloud-starter-alibaba-nacos-config
</artifactId>
            <version>2.2.5.RELEASE</version>
        </dependency>
        <dependency>
            <groupId>com.alibaba.cloud</groupId>
            <artifactId>spring-cloud-starter-alibaba-nacos-discovery
</artifactId>
            <version>2.2.5.RELEASE</version>
        </dependency>
        <dependency>
            <groupId>com.alibaba.cloud</groupId>
            <artifactId>spring-cloud-starter-alibaba-sentinel</artifactId>
            <version>2.2.5.RELEASE</version>
        </dependency>
        <dependency>
            <groupId>mysql</groupId>
            <artifactId>mysql-connector-java</artifactId>
        </dependency>
        <dependency>
            <groupId>cn.hutool</groupId>
            <artifactId>hutool-all</artifactId>
            <version>5.2.3</version>
        </dependency>
        <dependency>
            <groupId>org.apache.commons</groupId>
            <artifactId>commons-pool2</artifactId>
        </dependency>
        <dependency>
            <groupId>org.apache.commons</groupId>
            <artifactId>commons-lang3</artifactId>
        </dependency>
    </dependencies>

    <build>
    <plugins>
        <plugin>
            <groupId>org.springframework.boot</groupId>
            <artifactId>spring-boot-maven-plugin</artifactId>
            <configuration>
                <excludes>
                    <exclude>
                        <groupId>org.projectlombok</groupId>
                        <artifactId>lombok</artifactId>
                    </exclude>
                </excludes>
```

```
            </configuration>
          </plugin>
       </plugins>
    </build>

</project>
```

（2）修改 application.xml 配置文件，在其中配置数据库的连接方式，代码如下：

```
server:
  port: 8080
spring:
  application:
    name: promotion

  datasource:
    driver-class-name: com.mysql.cj.jdbc.Driver
    url: jdbc:mysql://127.0.0.1:3306/test?useUnicode=true&character
Encoding=utf8
    username: test
    password: test
    type: com.zaxxer.hikari.HikariDataSource
    hikari:
      minimum-idle: 10
      maximum-pool-size: 100
      auto-commit: true
      idle-timeout: 30000
      pool-name: UserHikariCP
      max-lifetime: 1800000
      connection-timeout: 30000
  jpa:
    database: MYSQL
    hibernate:
      ddl-auto: none
    show-sql: true
```

（3）由于集成了 Nacos 和 Sentinel 中间件，因此需要 bootstrap.xml 配置文件，具体配置如下：

```
spring:
  cloud:
    nacos:
      discovery:
        server-addr: 127.0.0.1:8848
        ip: 127.0.0.1
        port: 80
        namespace: 40421527-56ff-410b-8ca8-e025aca9e946
        group: default
      config:
        server-addr: 127.0.0.1:8848
        file-extension: properties
        namespace: 40421527-56ff-410b-8ca8-e025aca9e946
        group: default
    sentinel:
      enabled: true
      transport:
```

```
        dashboard: 127.0.0.1:8888
        clientIp: 127.0.0.1
        port: 8719
      log:
        dir: /log/sentinel
      filter:
        enabled: false

management:
  endpoint:
    metrics:
      enabled: true
    prometheus:
      enabled: true
  endpoints:
    web:
      base-path: /
      exposure:
        include: health,info,status,prometheus
  metrics:
    export:
      prometheus:
        enabled: true
    tags:
      application: ${spring.application.name}
    web:
      server:
        request:
          autotime:
            enabled: true
            percentiles-histogram: on
            percentiles:
              - 0.9
              - 0.99
      client:
        request:
          autotime:
            enabled: true
            percentiles-histogram: on
            percentiles:
              - 0.9
              - 0.99
```

（4）本例使用 log4j2 日志架构，配置如下：

```xml
<?xml version="1.0" encoding="UTF-8"?>
<Configuration status="WARN">
    <properties>
        <property name="LOG_HOME">/log</property>
    </properties>
    <Appenders>
        <Console name="CONSOLE" target="SYSTEM_OUT" >
            <PatternLayout pattern="%d{yyyy-MM-dd HH:mm:ss.SSS} %-5p
[%t] %c{1.} %msg%n"/>
        </Console>
        <RollingRandomAccessFile name="INFO_FILE" fileName=
```

```
"${LOG_HOME}/info.log"
                                filePattern="${LOG_HOME}/info-%d{HH}
-%i.log" immediateFlush="true">
            <PatternLayout pattern="%d{yyyy-MM-dd HH:mm:ss.SSS}
[%traceId] %-5p %c{1.} %msg%n"/>
            <Policies>
                <TimeBasedTriggeringPolicy />
            </Policies>
            <DefaultRolloverStrategy max="1"/>
            <Filters>
                <ThresholdFilter level="error" onMatch="ACCEPT" onMismatch=
"NEUTRAL"/>
                <ThresholdFilter level="info" onMatch="ACCEPT" onMismatch=
"DENY"/>
            </Filters>
        </RollingRandomAccessFile>
    </Appenders>
    <Loggers>
        <Root level="info">
            <AppenderRef ref="CONSOLE" />
            <AppenderRef ref="INFO_FILE" />
        </Root>
    </Loggers>
</Configuration>
```

（5）将 Redis 配置信息集成到 Nacos 上，配置详情如图 11.2 所示。

图 11.2　Nacos 配置详情

具体的 Redis 信息如下：

```
redis.promotion.host=127.0.0.1
redis.promotion.port=6379
redis.promotion.password=test
redis.promotion.maxTotal=2000
redis.promotion.maxIdle=100
redis.promotion.minIdle=40
redis.promotion.maxWaitMillis=3000
redis.promotion.timeBetweenEvictionRunsMillis=30000
redis.promotion.commandTimeout=3000
```

（6）Redis 自动配置：

新建 RedisProperties.class 文件，代码如下：

```
package com.example.promotion.config;

import lombok.Data;
import org.springframework.boot.context.properties.Configuration
Properties;

@Data
@ConfigurationProperties(prefix = "redis")
public class RedisProperties {

    private RedisInfo promotion;

    @Data
    public static class RedisInfo{
        protected int maxTotal = 2000;              //最大连接数
        protected int maxIdle = 100;                //最大空闲数
        protected int minIdle = 40;                 //最小空闲数
        protected int maxWaitMillis = 3000;         //最长等待时间
        //空闲回收休眠时间
        protected int timeBetweenEvictionRunsMillis = 30000;
        protected int commandTimeout = 3000;        //命令执行超时时间
        private String host;                        //Redis 地址
        private int port;                           //Redis 端口
        private String password;                    //Redis 密码
    }

}
```

新建 RedisAutoConfiguration.class 文件，代码如下：

```
package com.example.promotion.config;

import java.time.Duration;

import org.apache.commons.pool2.impl.GenericObjectPoolConfig;
import org.springframework.boot.autoconfigure.condition.Conditional
OnClass;
import org.springframework.boot.autoconfigure.condition.Conditional
OnProperty;
import org.springframework.boot.context.properties.EnableConfiguration
Properties;
import org.springframework.cloud.context.config.annotation.Refresh
Scope;
import org.springframework.context.annotation.Bean;
import org.springframework.context.annotation.Configuration;
import org.springframework.data.redis.connection.RedisStandalone
Configuration;
import org.springframework.data.redis.connection.lettuce.Lettuce
ClientConfiguration;
import org.springframework.data.redis.connection.lettuce.Lettuce
ConnectionFactory;
import org.springframework.data.redis.connection.lettuce.Lettuce
PoolingClientConfiguration;
import org.springframework.data.redis.core.StringRedisTemplate;
```

```
@ConditionalOnClass(LettuceConnectionFactory.class)
@Configuration
@EnableConfigurationProperties(RedisProperties.class)
@ConditionalOnProperty("redis.promotion.host")
public class RedisAutoConfiguration {

    @Bean
    @RefreshScope
    public GenericObjectPoolConfig genericObjectPoolConfig(Redis
Properties properties) {
        //通用线程池配置
        GenericObjectPoolConfig genericObjectPoolConfig = new Generic
ObjectPoolConfig();
        //设置最大的连接数
        genericObjectPoolConfig.setMaxTotal(properties.getPromotion().
getMaxTotal());
        //设置最大的空闲数
        genericObjectPoolConfig.setMaxIdle(properties.getPromotion().
getMaxIdle());
        //设置最小的空闲数
        genericObjectPoolConfig.setMinIdle(properties.getPromotion().
getMinIdle());
        //设置最长的等待时间
        genericObjectPoolConfig.setMaxWaitMillis(properties.get
Promotion().getMaxWaitMillis());
        //从连接池取出连接时检查有效性
        genericObjectPoolConfig.setTestOnBorrow(true);
        //连接返回时检查有效性
        genericObjectPoolConfig.setTestOnReturn(true);
        //空闲时检查有效性
        genericObjectPoolConfig.setTestWhileIdle(true);
        //空闲回收休眠时间
        genericObjectPoolConfig.setTimeBetweenEvictionRunsMillis
(properties.getPromotion().getTimeBetweenEvictionRunsMillis());
        return genericObjectPoolConfig;
    }

    @Bean
    @RefreshScope
    public LettuceClientConfiguration lettuceClientConfiguration
(RedisProperties properties, GenericObjectPoolConfig genericObject
PoolConfig) {
        //Lettuce 客户端配置
        LettucePoolingClientConfiguration build = LettucePooling
ClientConfiguration.builder()
                .commandTimeout(Duration.ofMillis(properties.get
Promotion().getCommandTimeout()))
                .shutdownTimeout(Duration.ZERO)
                .poolConfig(genericObjectPoolConfig)
                .build();
        return build;
    }
```

```
    @Bean
    @RefreshScope
    public LettuceConnectionFactory lettuceConnectionFactory(Redis
Properties properties,

LettuceClientConfiguration lettuceClientConfiguration) {
        //Redis 配置
        RedisStandaloneConfiguration redisConfiguration = new Redis
StandaloneConfiguration(properties.getPromotion().getHost(),
properties.
getPromotion().getPort());
        redisConfiguration.setPassword(properties.getPromotion().
getPassword());
        //Lettuce 连接工厂
        LettuceConnectionFactory lettuceConnectionFactory = new Lettuce
ConnectionFactory(redisConfiguration, lettuceClientConfiguration);
        return lettuceConnectionFactory;
    }

    @Bean(name = "redisTemplate")
    public StringRedisTemplate stringRedisTemplate(LettuceConnection
Factory lettuceConnectionFactory) {
        //RedisTemplate 声明
        return new StringRedisTemplate(lettuceConnectionFactory);
    }
}
```

（7）新增 Sentinel 切面配置，代码如下：

```
package com.example.promotion.config;

import com.alibaba.csp.sentinel.annotation.aspectj.SentinelResource
Aspect;
import org.springframework.context.annotation.Bean;
import org.springframework.context.annotation.Configuration;

@Configuration
public class SentinelConfig {
    @Bean
    public SentinelResourceAspect sentinelResourceAspect() {
        //Sentinel 切面声明
        return new SentinelResourceAspect();
    }
}
```

（8）新建 Model 层的对象 PromotionEntyty，代码如下：

```
package com.example.promotion.model;

import java.io.Serializable;
import java.util.Date;
import javax.persistence.Column;
import javax.persistence.Entity;
import javax.persistence.EntityListeners;
import javax.persistence.GeneratedValue;
import javax.persistence.GenerationType;
```

```
import javax.persistence.Id;
import javax.persistence.Table;
import org.springframework.data.annotation.CreatedDate;
import org.springframework.data.annotation.LastModifiedDate;
import org.springframework.data.jpa.domain.support.AuditingEntity
Listener;
import lombok.Data;

@Entity
@Table(name="promotion")                            //声明表名
@Data
@EntityListeners(AuditingEntityListener.class)
public class PromotionEntity implements Serializable {

    private static final long serialVersionUID = 1L;
    //主键 ID
    @Id
    @Column(name="id")
    @GeneratedValue(strategy=GenerationType.IDENTITY)
    private Integer id;
    //促销活动的名称
    @Column(name="name")
    private String name;
    //促销活动的开始时间
    @Column(name="begin_time")
    private Integer beginTime;
    //促销活动的结束时间
    @Column(name="end_time")
    private Integer endTime;
    //奖品
    @Column(name="prize")
    private String prize;
    //创建时间
    @Column(name="create_time")
    @CreatedDate
    private Date createTime;
    //更新时间
    @Column(name="update_time")
    @LastModifiedDate
    private Date updateTime;
}
```

（9）本例采用 Spring Boot JPA。Repository 代码如下：

```
package com.example.promotion.repository;

import org.springframework.data.jpa.repository.JpaRepository;
import org.springframework.stereotype.Repository;
import com.example.promotion.model.PromotionEntity;

@Repository
public interface PromotionRepository extends JpaRepository<Promotion
Entity,Integer>{
    //自定义查询
```

```
    PromotionEntity findByName(String name);
}
```

（10）接口返回通用状态码及 Redis 操作 key 的声明。

新增 Constant.class 文件，代码如下：

```
package com.example.promotion.constants;

public class Constant {
    //接口调用成功，返回成功状态码
    public static final String SUCCESS_CODE = "S00000";
    //接口失败，则返回状态码
    public static final String ERROR_CODE = "F00001";
    //接口成功返回信息
    public static final String SUCCESS_MSG = "success";
    //促销活动 Redis 存储 key，用来存储活动信息
    public static final String REDIS_PROMOTION_KEY = "promotion:{0}";
    //赠送奖品领取记录
    public static final String REDIS_PRIZE_KEY = "promotion:{0}:{1}";
}
```

新建 AbstractResponse.class 文件，代码如下：

```
package com.example.promotion.constants;
//通用返回类
public class AbstractResponse {
    private String code;
    private String msg;
    public String getCode() {
        return code;
    }
    public void setCode(String code) {
        this.code = code;
    }
    public String getMsg() {
        return msg;
    }
    public void setMsg(String msg) {
        this.msg = msg;
    }
}
```

新建 JsonObjectResponse.class 文件，代码如下：

```
package com.example.promotion.constants;
//扩展返回类
public class JsonObjectResponse<T> extends AbstractResponse {
    private T result;
    public T getResult() {
        return result;
    }
    public void setResult(T result) {
        this.result = result;
    }
    public JsonObjectResponse(T result, String code, String msg) {
```

```
        this.setCode(code);
        this.setMsg(msg);
        this.result = result;
    }
    public JsonObjectResponse(T result) {
        this.setCode(Constant.SUCCESS_CODE);
        this.setMsg(Constant.SUCCESS_MSG);
        this.result = result;
    }
    public JsonObjectResponse() {
        this.setCode(Constant.SUCCESS_CODE);
        this.setMsg(Constant.SUCCESS_MSG);
        this.result = null;
    }
    public JsonObjectResponse(String code, String msg) {
        this.setCode(code);
        this.setMsg(msg);
    }
}
```

（11）PromotionController 接口代码如下：

```
package com.example.promotion.controller;

import org.apache.commons.lang.StringUtils;
import org.springframework.beans.factory.annotation.Autowired;
import org.springframework.web.bind.annotation.DeleteMapping;
import org.springframework.web.bind.annotation.GetMapping;
import org.springframework.web.bind.annotation.PostMapping;
import org.springframework.web.bind.annotation.RequestMapping;
import org.springframework.web.bind.annotation.ResponseBody;
import org.springframework.web.bind.annotation.RestController;

import com.alibaba.csp.sentinel.EntryType;
import com.alibaba.csp.sentinel.annotation.SentinelResource;
import com.example.promotion.constants.Constant;
import com.example.promotion.constants.JsonObjectResponse;
import com.example.promotion.model.PromotionEntity;
import com.example.promotion.service.BlockHandlerService;
import com.example.promotion.service.FallBackService;
import com.example.promotion.service.PromotionService;

import lombok.extern.slf4j.Slf4j;

@Slf4j
@RestController
@RequestMapping("/api")
public class PromotionController {

    @Autowired
    private PromotionService promotionService;

    //查询促销活动接口，路径：/api/queryPromotion?id=xx
    @GetMapping("queryPromotion")
    @ResponseBody
```

```
    //限流与降级注解
    @SentinelResource(value = "queryPromotion", entryType = EntryType.IN,
blockHandler = "queryPromotionBlockHandle", blockHandlerClass =
{BlockHandlerService.class}, defaultFallback = "fallback", fallback
Class = {FallBackService.class})
    public JsonObjectResponse<PromotionEntity> queryPromotion
(Integer id) {
        try {
            //调用促销活动服务类查询方法
            return promotionService.queryPromotion(id);
        } catch (Exception e) {
            //记录错误日志
            log.error("query promotion error!");
            return new JsonObjectResponse<>(null, Constant.ERROR_CODE,
"query promotion error!");
        }
    }

    //提交促销活动接口，路径：/api/addPromotion
    //参数：PromotionEntity
    @PostMapping("addPromotion")
    @ResponseBody
    @SentinelResource(value = "addPromotion", entryType = EntryType.IN,
blockHandler = "addPromotionBlockHandle", blockHandlerClass =
{BlockHandlerService.class}, defaultFallback = "fallback", fallback
Class = {FallBackService.class})
    public JsonObjectResponse<PromotionEntity> addPromotion
(PromotionEntity promotionEntity) {
        if (StringUtils.isBlank(promotionEntity.getName()) || StringUtils.
isBlank(promotionEntity.getPrize())) {
            return new JsonObjectResponse<>(null, Constant.ERROR_CODE,
"param is null! ");
        }
        try {
            //调用促销活动服务类新增方法
            return promotionService.addPromotion(promotionEntity);
        } catch (Exception e) {
            //记录错误日志
            log.error("add promotion error!");
            return new JsonObjectResponse<>(null, Constant.ERROR_CODE,
"add promotion error!");
        }
    }

    //更新促销活动接口，路径：/api/updatePromotion
    //参数：PromotionEntity
    @PostMapping("updatePromotion")
    @ResponseBody
    @SentinelResource(value = "updatePromotion", entryType = EntryType.IN,
blockHandler = "updatePromotionBlockHandle", blockHandlerClass =
{BlockHandlerService.class}, defaultFallback = "fallback", fallback
Class = {FallBackService.class})
    public JsonObjectResponse<PromotionEntity> updatePromotion
(PromotionEntity promotionEntity) {
```

```
            if (promotionEntity.getId() == null) {
                return new JsonObjectResponse<>(null, Constant.ERROR_CODE,
"id is null! ");
            }
            try {
                //调用促销活动服务类更新方法
                return promotionService.updatePromotion(promotionEntity);
            } catch (Exception e) {
                //记录错误日志
                log.error("add promotion error!");
                return new JsonObjectResponse<>(null, Constant.ERROR_CODE,
"add promotion error!");
            }
        }

        //删除促销活动接口，路径：/api/delPromotion?id=xx
        @DeleteMapping("delPromotion")
        @ResponseBody
        @SentinelResource(value = "delPromotion", entryType = EntryType.IN,
blockHandler = "delPromotionBlockHandle", blockHandlerClass =
{BlockHandlerService.class}, defaultFallback = "fallback", fallback
Class = {FallBackService.class})
        public JsonObjectResponse<PromotionEntity> delPromotion(Integer
id) {
            try {
                //调用删除服务类方法
                return promotionService.delPromotion(id);
            } catch (Exception e) {
                //记录错误日志
                log.error("delete promotion error!");
                return new JsonObjectResponse<>(null, Constant.ERROR_CODE,
"delete promotion error!");
            }
        }
}
```

（12）PromotionService 代码如下：

```
package com.example.promotion.service;

import java.text.MessageFormat;
import java.util.HashMap;
import java.util.Map;
import java.util.Optional;

import org.springframework.beans.factory.annotation.Autowired;
import org.springframework.data.redis.core.StringRedisTemplate;
import org.springframework.stereotype.Service;

import com.example.promotion.constants.Constant;
import com.example.promotion.constants.JsonObjectResponse;
import com.example.promotion.model.PromotionEntity;
import com.example.promotion.repository.PromotionRepository;

import lombok.extern.slf4j.Slf4j;
```

```
//促销活动服务类
@Service
@Slf4j
public class PromotionService {

    //PromotionRepository注入
    @Autowired
    private PromotionRepository promotionRepository;

    //StringRedisTemplate注入
    @Autowired
    private StringRedisTemplate stringRedisTemplate;

    //查询促销活动信息
    public JsonObjectResponse<PromotionEntity> queryPromotion(Integer
id) {
        Optional<PromotionEntity> promotionEntity = promotionRepository.
findById(id);
        if (promotionEntity.isPresent()) {
            return new JsonObjectResponse<>(promotionEntity.get());
        } else {
            return new JsonObjectResponse<>(null);
        }
    }

    //添加促销活动信息
    public JsonObjectResponse<PromotionEntity> addPromotion(Promotion
Entity promotionEntity) {
        PromotionEntity promotionEntityOld = promotionRepository.
findByName(promotionEntity.getName());
        if (promotionEntityOld != null) {    //查询促销活动是否已经存在
            return new JsonObjectResponse<>(null, Constant.ERROR_CODE,
"promotion name is exist!");
        } else {                            //如果不存在，则添加
            PromotionEntity promotionEntityNew = promotionRepository.
save(promotionEntity);                       //插入 MySQL 数据库
            String key = MessageFormat.format(Constant.REDIS_PROMOTION_
KEY, String.valueOf(promotionEntityNew.getId()));
            Map<String, String> map = new HashMap<>();
            map.put("name", promotionEntityNew.getName());
            map.put("beginTime", String.valueOf(promotionEntityNew.
getBeginTime()));
            map.put("endTime", String.valueOf(promotionEntityNew.
getEndTime()));
            map.put("prize", promotionEntityNew.getPrize());
            //添加到 Redis 中
            stringRedisTemplate.opsForHash().putAll(key, map);
            log.info("addPromotion success");
        }
        return new JsonObjectResponse<>(null);
    }

    //更新促销活动信息
```

```java
    public JsonObjectResponse<PromotionEntity> updatePromotion(Promotion
Entity promotionEntity) {
        Optional<PromotionEntity> promotionEntityOpt = promotion
Repository.findById(promotionEntity.getId());
        if (promotionEntityOpt.isPresent()) {
            PromotionEntity promotionEntityOld = promotionEntityOpt.
get();
            promotionEntityOld.setName(promotionEntity.getName());
            promotionEntityOld.setPrize(promotionEntity.getPrize());
            promotionEntityOld.setBeginTime(promotionEntity.getBegin
Time());
            promotionEntityOld.setEndTime(promotionEntity.getEndTime());
            //更新 MySQL 信息
            promotionRepository.save(promotionEntityOld);
            String key = MessageFormat.format(Constant.REDIS_PROMOTION_
KEY, String.valueOf(promotionEntityOld.getId()));
            Map<String, String> map = new HashMap<>();
            map.put("name", promotionEntityOld.getName());
            map.put("beginTime", String.valueOf(promotionEntityOld.
getBeginTime()));
            map.put("endTime", String.valueOf(promotionEntityOld.
getEndTime()));
            map.put("prize", promotionEntityOld.getPrize());
            //更新 Redis 信息
            stringRedisTemplate.opsForHash().putAll(key, map);
            log.info("updatePromotion success");
        }
        return new JsonObjectResponse<>(null);
    }

    //删除促销活动信息
    public JsonObjectResponse<PromotionEntity> delPromotion(Integer
id) {
        promotionRepository.deleteById(id);          //删除 MySQL 信息
        String key = MessageFormat.format(Constant.REDIS_PROMOTION_
KEY, String.valueOf(id));
        stringRedisTemplate.delete(key);             //删除 Redis 信息
        log.info("delPromotion success");
        return new JsonObjectResponse<>(null);
    }

}
```

（13）限流代码如下：

```java
package com.example.promotion.service;

import com.example.promotion.constants.Constant;
import com.example.promotion.constants.JsonObjectResponse;
import com.example.promotion.model.PromotionEntity;

//接口发生限流时触发
public final class BlockHandlerService {

    public static JsonObjectResponse<PromotionEntity> queryPromotion
```

```
BlockHandle(Integer id) {
        return new JsonObjectResponse<>(null, Constant.ERROR_CODE,
"queryPromotion blcok");
    }

    public static JsonObjectResponse<PromotionEntity> addPromotion
BlockHandle(PromotionEntity promotionEntity) {
        return new JsonObjectResponse<>(null, Constant.ERROR_CODE,
"addPromotion blcok");
    }

    public static JsonObjectResponse<PromotionEntity> updatePromotion
BlockHandle(PromotionEntity promotionEntity) {
        return new JsonObjectResponse<>(null, Constant.ERROR_CODE,
"updatePromotion blcok");
    }

    public static JsonObjectResponse<PromotionEntity> delPromotion
BlockHandle(Integer id) {
        return new JsonObjectResponse<>(null, Constant.ERROR_CODE,
"delPromotion blcok");
    }
}
```

（14）降级代码如下：

```
package com.example.promotion.service;

import com.example.promotion.constants.Constant;
import com.example.promotion.constants.JsonObjectResponse;
import com.example.promotion.model.PromotionEntity;

//接口发生降级时触发
public final class FallBackService {
    public static JsonObjectResponse<PromotionEntity> defaultFall
Back(Throwable ex){
        return new JsonObjectResponse<>(null, Constant.ERROR_CODE,
"fallback");
    }
}
```

（15）PromotionApplication 代码如下：

```
package com.example.promotion;

import org.springframework.boot.SpringApplication;
import org.springframework.boot.autoconfigure.SpringBootApplication;
import org.springframework.boot.autoconfigure.data.redis.RedisAuto
Configuration;
import org.springframework.cloud.client.discovery.EnableDiscovery
Client;
import org.springframework.context.annotation.EnableAspectJAutoProxy;
import org.springframework.data.jpa.repository.config.EnableJpaAuditing;

//自定义 Redis 配置
@SpringBootApplication(exclude = {RedisAutoConfiguration.class})
```

```
@EnableJpaAuditing                          //开启 JPA 审计
@EnableAspectJAutoProxy                     //开启切面
@EnableDiscoveryClient                      //开启服务发现
public class PromotionApplication {

    public static void main(String[] args) {
        SpringApplication.run(PromotionApplication.class, args);
    }

}
```

此时，启动 PromotionApplication 主类即可访问接口，管理促销活动信息。例如添加一条活动信息，访问接口 http://localhost:8080/api/addPromotion，设置参数如下：

```
name:"会员促销活动"
beginTime:"1614822680"
endTime:" 1617176808"
prize:"3 天免费会员"
```

访问查询接口 http://localhost:8080/api/queryPromotion?id=1，返回结果如下：

```
{
  code: "S00000",
  msg: "success",
  result: {
    id: 3,
    name: "会员促销活动",
    beginTime: 1614822680,
    endTime: 1617176808,
    prize: "3 天免费会员",
    createTime: "2021-03-05T03:57:35.000+00:00",
    updateTime: "2021-03-05T03:59:12.000+00:00"
  }
}
```

访问更新接口 http://localhost:8080/api/updatePromotion，添加参数即可修改促销活动信息，参数如下：

```
id:1
name:"会员促销活动"
beginTime:"1614822680"
endTime:" 1617176808"
 prize:"3 天免费会员"
```

访问删除接口 http://localhost:8080/api/ delPromotion?id=1，即可删除该促销活动信息。

11.3.2　促销活动微服务项目

新建促销活动微服务项目 microservice-promotion。新项目结构如图 11.3 所示。

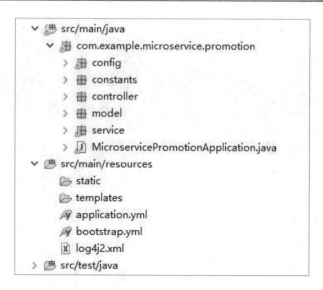

图 11.3　microservice-promotion 项目结构

（1）microservice-promotion 的配置与 promotion 基本相同，application.yml 文件的配置如下：

```
server:
  port: 8081

spring:
  application:
    name: microservice-promotion
```

（2）启动类 MicroservicePromotionApplication 的代码如下：

```
package com.example.microservice.promotion;

import org.springframework.boot.SpringApplication;
import org.springframework.boot.autoconfigure.SpringBootApplication;
import org.springframework.boot.autoconfigure.data.redis.RedisAuto
Configuration;
import org.springframework.cloud.client.discovery.EnableDiscovery
Client;
import org.springframework.context.annotation.EnableAspectJAutoProxy;

@SpringBootApplication(exclude = {RedisAutoConfiguration.class})
@EnableAspectJAutoProxy                          //开启切面
@EnableDiscoveryClient                           //开启服务发现
public class MicroservicePromotionApplication {

    public static void main(String[] args) {
        SpringApplication.run(MicroservicePromotionApplication.class,
args);
    }

}
```

（3）PromotionPushController.class 接口类的代码如下：

```java
package com.example.microservice.promotion.controller;

import org.springframework.beans.factory.annotation.Autowired;
import org.springframework.web.bind.annotation.GetMapping;
import org.springframework.web.bind.annotation.RequestMapping;
import org.springframework.web.bind.annotation.ResponseBody;
import org.springframework.web.bind.annotation.RestController;

import com.alibaba.csp.sentinel.EntryType;
import com.alibaba.csp.sentinel.annotation.SentinelResource;
import com.example.microservice.promotion.constants.Constant;
import com.example.microservice.promotion.constants.JsonObject
Response;
import com.example.microservice.promotion.model.PromotionEntity;
import com.example.microservice.promotion.service.BlockHandler
Service;
import com.example.microservice.promotion.service.FallBackService;
import com.example.microservice.promotion.service.PromotionPush
Service;

import lombok.extern.slf4j.Slf4j;

//促销活动微服务接口
@Slf4j
@RestController
@RequestMapping("/api")
public class PromotionPushController {

    @Autowired
    private PromotionPushService promotionPushService;

    //促销活动投放接口，路径：/api/pushPromotion?id=xx
    @GetMapping("pushPromotion")
    @ResponseBody
    @SentinelResource(value = "pushPromotion", entryType = EntryType.IN,
blockHandler = "promotionPushBlockHandle", blockHandlerClass =
{BlockHandlerService.class}, defaultFallback = "fallback", fallback
Class = {FallBackService.class})
    public JsonObjectResponse<PromotionEntity> pushPromotion(Integer id) {
        try {
            //调用促销活动投放服务方法
            return promotionPushService.pushPromotion(id);
        } catch (Exception e) {
            //记录错误日志
            log.error("push promotion error!");
            return new JsonObjectResponse<>(null, Constant.ERROR_CODE,
"push promotion error!");
        }
    }

    //领取奖品接口，路径：/api/getPrize?id=xx&device=xx
    @GetMapping("getPrize")
```

```
    @ResponseBody
    @SentinelResource(value = "getPrize", entryType = EntryType.IN,
blockHandler = "prizeBlockHandle", blockHandlerClass = {BlockHandler
Service.class}, defaultFallback = "fallback", fallbackClass = {Fall
BackService.class})
    public JsonObjectResponse<String> getPrize(Integer id, String
device) {
        try {
            //调用领取奖品服务方法
            return promotionPushService.getPrize(id, device);
        } catch (Exception e) {
            //记录错误日志
            log.error("get prize error!");
            return new JsonObjectResponse<>(null, Constant.ERROR_CODE,
"get prize error!");
        }
    }
}
```

（4）PromotionPushService.class 服务类的代码如下：

```
package com.example.microservice.promotion.service;

import java.text.MessageFormat;
import java.util.Map;
import org.apache.commons.collections.MapUtils;
import org.apache.commons.lang.StringUtils;
import org.springframework.beans.factory.annotation.Autowired;
import org.springframework.data.redis.core.StringRedisTemplate;
import org.springframework.stereotype.Service;
import com.example.microservice.promotion.constants.Constant;
import com.example.microservice.promotion.constants.JsonObject
Response;
import com.example.microservice.promotion.model.PromotionEntity;
import lombok.extern.slf4j.Slf4j;

//促销活动服务类
@Service
@Slf4j
public class PromotionPushService {

    @Autowired
    private StringRedisTemplate stringRedisTemplate;

    public JsonObjectResponse<PromotionEntity> pushPromotion(Integer id) {
        //组装 Redis 存储促销活动信息的 key
        String key = MessageFormat.format(Constant.REDIS_PROMOTION_
KEY, String.valueOf(id));
        //Redis 操作，用于查询促销活动信息
        Map<Object, Object> map = stringRedisTemplate.opsForHash().
entries(key);
        if (MapUtils.isNotEmpty(map)) {
            String name = (String) map.get("name");
            String prize = (String) map.get("prize");
            Integer beginTime = Integer.valueOf((String) map.get
```

```
("beginTime"));
            Integer endTime = Integer.valueOf((String) map.get("endTime"));
            Integer currentTime = (int) (System.currentTimeMillis()/
1000);
            if (currentTime >= beginTime && currentTime <= endTime) {
                PromotionEntity promotionEntity = new PromotionEntity();
                promotionEntity.setBeginTime(beginTime);
                promotionEntity.setEndTime(endTime);
                promotionEntity.setId(id);
                promotionEntity.setName(name);
                promotionEntity.setPrize(prize);
                log.info("push promotion success");
                return new JsonObjectResponse<>(promotionEntity);
            }
        }
        return new JsonObjectResponse<>(null, Constant.ERROR_CODE,
"push promotion fail");
    }

    public JsonObjectResponse<String> getPrize(Integer id, String
device) {
        //组装奖品领取记录存储结构 key
        String key = MessageFormat.format(Constant.REDIS_PRIZE_KEY,
String.valueOf(id), device);
        //查询该 device 下的领取记录
        String value = stringRedisTemplate.opsForValue().get(key);
        if (StringUtils.isEmpty(value)) {    //没有领取记录,表示领取成功
            String promotionKey = MessageFormat.format(Constant.REDIS_
PROMOTION_KEY, String.valueOf(id));
            Map<Object, Object> map = stringRedisTemplate.opsForHash().
entries(promotionKey);
            if (MapUtils.isNotEmpty(map)) {
                String prize = (String) map.get("prize");
                stringRedisTemplate.opsForValue().set(key, "1");
                log.info("get prize success");
                return new JsonObjectResponse<>("恭喜你获得:" + prize);
            }
        }
        return new JsonObjectResponse<>(null, Constant.ERROR_CODE,
"prize is exist");
    }
}
```

（5）限流类 BlockHandlerService.class 的代码如下：

```
package com.example.microservice.promotion.service;

import com.example.microservice.promotion.constants.Constant;
import com.example.microservice.promotion.constants.JsonObject
Response;
import com.example.microservice.promotion.model.PromotionEntity;

//限流类
public final class BlockHandlerService {
```

```
    public static JsonObjectResponse<PromotionEntity> promotionPush
BlockHandle(Integer id) {
        return new JsonObjectResponse<>(null, Constant.ERROR_CODE,
"pushPromotion blcok");
    }

    public static JsonObjectResponse<String> prizeBlockHandle(Integer id,
String device) {
        return new JsonObjectResponse<>(null, Constant.ERROR_CODE,
"getprize blcok");
    }
}
```

微服务接口逻辑有两个，即促销活动投放接口和领取奖品接口。客户端访问某个活动 ID 时，接口判断当前时间是否在活动时间内，如果在，则返回促销活动信息，用户可以领取活动奖品，如果用户已领取过奖品，则不能再次领取。

访问促销活动接口 http://localhost:8081/api/pushPromotion?id=1，如接口正常，则返回如下结果：

```
{
  code: "S00000",
  msg: "success",
  result: {
    id: 3,
    name: "会员促销活动",
    beginTime: 1614822680,
    endTime: 1617176808,
    prize: "3 天免费会员"
  }
}
```

访问领取奖品接口 http://localhost:8081/api/getPrize?id=1，如接口正常，则返回数据如下：

```
{
  code: "S00000",
  msg: "success",
  result: "恭喜你获得:3 天免费会员"
}
```

11.3.3 网关项目

网关项目需要单独新建 gateway 工程，并在 pom.xml 文件中添加相关依赖，代码如下：

```
<?xml version="1.0" encoding="UTF-8"?>
<project xmlns="http://maven.apache.org/POM/4.0.0" xmlns:xsi="http://
www.w3.org/2001/XMLSchema-instance"
    xsi:schemaLocation="http://maven.apache.org/POM/4.0.0 https://
maven.apache.org/xsd/maven-4.0.0.xsd">
```

```xml
<modelVersion>4.0.0</modelVersion>
<parent>
    <groupId>org.springframework.boot</groupId>
    <artifactId>spring-boot-starter-parent</artifactId>
    <version>2.3.9.RELEASE</version>
    <relativePath/> <!-- lookup parent from repository -->
</parent>
<groupId>com.example.gateway</groupId>
<artifactId>gateway</artifactId>
<version>0.0.1-SNAPSHOT</version>
<name>gateway</name>
<description>Gateway project for Spring Boot</description>
<properties>
    <java.version>1.8</java.version>
</properties>
<dependencies>

    <dependency>
        <groupId>org.projectlombok</groupId>
        <artifactId>lombok</artifactId>
        <optional>true</optional>
    </dependency>
    <dependency>
        <groupId>org.springframework.boot</groupId>
        <artifactId>spring-boot-starter-test</artifactId>
        <scope>test</scope>
        <exclusions>
            <exclusion>
                <groupId>org.junit.vintage</groupId>
                <artifactId>junit-vintage-engine</artifactId>
            </exclusion>
        </exclusions>
    </dependency>
    <dependency>
        <groupId>org.springframework.cloud</groupId>
        <artifactId>spring-cloud-starter-gateway</artifactId>
    </dependency>
    <dependency>
        <groupId>org.springframework.boot</groupId>
        <artifactId>spring-boot-starter-validation</artifactId>
    </dependency>
</dependencies>

<dependencyManagement>
    <dependencies>
        <dependency>
            <groupId>org.springframework.cloud</groupId>
            <artifactId>spring-cloud-dependencies</artifactId>
            <version>Hoxton.RC2</version>
            <type>pom</type>
            <scope>import</scope>
        </dependency>
    </dependencies>
```

```
        </dependencyManagement>

        <build>
            <plugins>
                <plugin>
                    <groupId>org.springframework.boot</groupId>
                    <artifactId>spring-boot-maven-plugin</artifactId>
                    <configuration>
                        <excludes>
                            <exclude>
                                <groupId>org.projectlombok</groupId>
                                <artifactId>lombok</artifactId>
                            </exclude>
                        </excludes>
                    </configuration>
                </plugin>
            </plugins>
        </build>

</project>
```

设置路由断言配置，具体信息如下：

```
server:
  port: 80
spring:
  application:
    name: gateway
  cloud:
    gateway:
      routes:
        - id: promotion_route
          uri: http://127.0.0.1:8081/
          predicates:
            - Path=/api/**
```

启动网关服务与促销活动微服务项目，通过网关的路由断言，直接访问 http://localhost/api/pushPromotion?id=1 接口，返回数据如下：

```
{
  code: "S00000",
  msg: "success",
  result: {
    id: 3,
    name: "会员促销活动",
    beginTime: 1614822680,
    endTime: 1617176808,
    prize: "3 天免费会员"
  }
}
```

可以看到，与直接访问微服务接口的返回数据一致。

11.3.4　项目部署

（1）采用 Spring Boot 的 Maven 打包插件，将 3 个项目分别打包为 promotion.jar、microservice-promotion.jar 和 gateway.jar。

（2）采用 java -jar ***.jar 命令分别启动 3 个项目，可以将它们部署在虚拟机或云平台之上。

11.4　总　　结

本章通过一个项目实例，展示了用 Spring Boot 框架进行开发时从后台管理接口到微服务开发的整个过程。通过本章的学习，可以让 Spring Boot 的入门者比较全面地了解微服务开发的细节。

第 12 章 Reactive Web 开发实战

Spring WebFlux 是 Web 领域的 Reactive Programming（响应式编程）框架。Reactive Programming 在近几年发展非常迅速，许多大公司也开始采用响应式编程。即使这样，Reactive Programming 的概念对很多编程人员来说还是比较陌生，市面上讲解响应式编程的书籍也比较少。本章基于笔者在项目开发过程中积累的一些经验，通过一个实例介绍响应式编程的相关知识，让读者更好地理解 Spring WebFlux 框架。

12.1 Reactive 编程

本节首先介绍响应式编程范式，以及基于该范式的 Reactive Streams 标准 API，最后给出基于 Reactive Streams 实现的 JDK 9 的 Flow 代码示例。

12.1.1 响应式宣言

说到响应式编程，就不能不提 The Reactive Manifesto（响应式宣言）。几年前，一个大型应用系统可能会部署在几百台服务器上，响应时间为秒级，每天产生 GB 级的数据。随着移动设备的普及，应用程序需要部署在数以千计或万计的云端集群上，用户对响应时间的需求也提高到了毫秒级，每天产生的数据也达到了 PB 级，这对当今的系统架构提出了新的挑战。基于此，一些组织开发出了响应式系统。响应式系统具有 4 个特性，如图 12.1 所示。

- 可响应：系统尽可能地响应。
- 可恢复：系统出错的情况下也可以响应。
- 可伸缩：系统在各种负载下都可以响应。
- 消息驱动：系统通过异步传递消息。

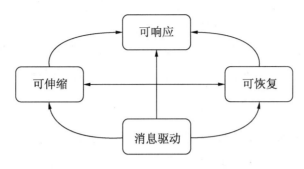

图 12.1　响应式系统的特性

　　以上 4 个特性就组成了响应式宣言，为响应式编程指明了方向。响应式系统就是以事件驱动，打造可伸缩、可恢复、能实时响应的应用程序。

12.1.2　Reactive 编程简介

　　关于响应式编程，百度百科中是这样解释的：

　　在计算机领域，响应式编程是一个专注于数据流和变化传递的异步编程范式。这意味着可以使用编程语言很容易地表示静态（如数组）或动态（如事件发射器）数据流，在执行过程中数据流之间有一定的关系，关系的存在有利于数据流的自动变更。

　　上面的解释是不是不太好理解？我们具体分析一下。首先，响应式编程是一个编程范式，是一种编程规范，和我们平时开发中的声明式编程、命令式编程、函数式编程一样。其次，从过去的面向过程开发到 Java 提出的面向对象开发，响应式编程代表未来的发展方向——面向流开发。因此我们总结出响应式编程的定义是：一种面向数据流的响应式编码方式。

　　⌂注意：Reactive Programming = Streams + Operations。其中，Streams 代表被处理的数据节点，Operations 代表那些异步处理函数。

12.1.3　Reactive Streams 标准

　　既然有了编程规范，就需要定义一套 API 协议标准。2013 年，Netflix、Pivotal 和 Lightbend 的工程师们启动了 Reactive Streams 项目。Reactive Stream（响应式流）是一套标准，是一套基于发布/订阅模式的数据流处理规范。对于开发人员来说，它其实就是一个 API 规范，具有异步非阻塞背压特性，异步非阻塞可以在同等资源下给出更快的响应。

举个直观的例子可以帮助读者更好地理解响应式数据流。现代前端开发框架如 Vue.js 和 React 等实现了双向数据绑定，在一个输入框内修改数据，可以同步在另一个组件中展示。也就是一个组件的数据值可以基于另一个组件的数据变化做出响应，这就是响应式。

在传统的命令式编程中，假设定义 c = a * b，那么当 a=1、b=2 时，c 的值就是 2。之后 a 变量的改变不会引起 c 变量的变化，因为它们都是确定的。如果 a、b 的值是不确定的，即 c=a*b，这个语句仅仅是定义了变量 c 与变量 a、b 的计算关系，那么 c 的值就是可变的。例如：

```
a=1,b=1,c=1
a=2,b=2,c=4
a=3,b=2,c=6
...
```

简而言之，c 需要动态地由 a、b 共同来决定，当 a、b 的值发生变化时，c 的结果需要及时地做出响应（或者叫反应），以此来保证正确性。变化的 a、b 相当于数据流，c 要根据数据流的变化做出正确的响应，这就是 Reactive Streams（响应式流）。

12.1.4　Java Flow API 简介

基于 Reactive Streams 实现的响应式框架有 RxJava、Reactor、Akka 和 Vert.x 等。2017 年，Java JDK 9 发布，其中一个特性就是引入了基于 Reactive Streams 的 Flow 类。

Flow API 是基于发布者/订阅者模式提供的推（push）和拉（pull）的模型，如图 12.2 所示。

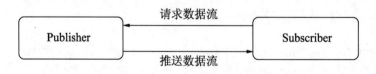

图 12.2　发布者/订阅者模型

基于发布/订阅模型的 Flow 更像是迭代器模式与观察者模式的组合。迭代器模式是拉（pull）模型，告诉数据源要拉取多少数据，观察者模式是推（push）模型，将数据推送给订阅者。Flow 订阅者最初请求（拉）N 个数据，然后发布者将最多 N 个数据推送给订阅者。

Flow 类中定义了 4 个嵌套的静态接口，如表 12.1 所示。

表 12.1　Flow中定义的 4 个静态接口

静　态　接　口	说　　　　明
Flow.Publisher\<T\>	数据项发布者和生产者
Subscriber\<T\>	数据项订阅者和消费者
Subscription	发布者与订阅者之间的关系，完成消息控制
Processor	数据处理器

下面介绍 Flow 的相关 API，并给出一些实际的例子。

1．基于Publisher与Subscriber的示例

Flow.Subscriber 有 4 个抽象方法：

- onSubscribe()：发布者调用该方法异步传递订阅。
- onNext()：发布者调用该方法传递数据。
- onError()：发生错误时调用。
- onComplete()：数据发送完成后调用。

Sbscription 的 request()和 cancel()方法提供的背压特性，让订阅者可以告诉发布者能接收的最大数据量，还可以取消订阅，这样不至于因发布者速度过快而导致订阅系统崩溃。示例如下：

```
public class PublisherAndSubscriberDemo {
public static void main(String[] args) throws InterruptedException {
    //发布者
    SubmissionPublisher<String> publisher=new SubmissionPublisher<>();
    //订阅者
    Flow.Subscriber<String> subscriber=new Flow.Subscriber<String>() {
        private Flow.Subscription subscription;
        @Override
        public void onSubscribe(Flow.Subscription subscription) {
            this.subscription=subscription;
            subscription.request(1);
        }
        //传递数据
        @Override
        public void onNext(String item) {
            System.out.println("【订阅者】接收消息: " + item);
            try {
                TimeUnit.SECONDS.sleep(2);
            } catch (InterruptedException e) {
                e.printStackTrace();
            }

            this.subscription.request(1);
        }
        //异常处理
        @Override
```

```
        public void onError(Throwable throwable) {
            System.out.println("【订阅者】数据接收出现异常,"+throwable);
            this.subscription.cancel();
        }
        //发送结束处理
        @Override
        public void onComplete() {
            System.out.println("【订阅者】数据接收完毕");
        }
    };
    publisher.subscribe(subscriber);
    for (int i=0;i<5;i++){
        String message = "hello flow api " + i;
        System.out.println("【发布者】发布消息: " + message);
        publisher.submit(message);
    }
    publisher.close();
    Thread.currentThread().join(20000);
    }
}
```

控制台的打印结果如下：

```
【发布者】发布消息: hello flow api 0
【发布者】发布消息: hello flow api 1
【发布者】发布消息: hello flow api 2
【发布者】发布消息: hello flow api 3
【发布者】发布消息: hello flow api 4
【订阅者】接收消息: hello flow api 0
【订阅者】接收消息: hello flow api 1
【订阅者】接收消息: hello flow api 2
【订阅者】接收消息: hello flow api 3
【订阅者】接收消息: hello flow api 4
【订阅者】数据接收完毕
```

2．Processor示例

Processor 扩展了 Publisher 和 Subscriber，因此它可以在 Publisher 和 Subscriber 之间来回切换。Processor 的示例如下：

```
public class MyProcessor extends SubmissionPublisher<Integer>
implements Flow.Processor<Integer, Integer>{
    private Flow.Subscription subscription;
    @Override
    public void onSubscribe(Flow.Subscription subscription) {
        System.out.println("Processor 收到订阅请求");
        this.subscription = subscription;
        this.subscription.request(1);
    }
    //传递数据
    @Override
    public void onNext(Integer item) {
```

```
        System.out.println("onNext 收到发布者数据: "+item);
        if (item % 2 == 0) {
            this.submit(item);
        }
        this.subscription.request(1);
    }
//处理异常
    @Override
    public void onError(Throwable throwable) {
        this.subscription.cancel();
    }
//结束处理
    @Override
    public void onComplete() {
        System.out.println("处理器处理完毕");
        this.close();
    }
}
```

ProcessorDemo 代码如下:

```
public class ProcessorDemo {
    public static void main(String[] args) throws InterruptedException {
        SubmissionPublisher<Integer> publisher = new Submission
Publisher<>();
        MyProcessor myProcessor = new MyProcessor();
        Flow.Subscriber<Integer> subscriber = new Flow.Subscriber<>() {
            private Flow.Subscription subscription;
            @Override
            public void onSubscribe(Flow.Subscription subscription) {
                this.subscription = subscription;
                this.subscription.request(1);
            }
            //数据处理
            @Override
            public void onNext(Integer item) {
                System.out.println("onNext 从 Processor 接收到过滤后的数
据 item : "+item);
                this.subscription.request(1);
            }
            //处理异常
            @Override
            public void onError(Throwable throwable) {
                System.out.println("onError 出现异常");
                subscription.cancel();
            }
            //结束处理
            @Override
            public void onComplete() {
                System.out.println("onComplete 所有数据接收完成");
            }
        };
        publisher.subscribe(myProcessor);              //发布
```

```
            myProcessor.subscribe(subscriber);        //订阅
            publisher.submit(1);
            publisher.submit(2);
            publisher.submit(3);
            publisher.submit(4);
            publisher.close();
            TimeUnit.SECONDS.sleep(2);
    }
}
```

最终打印结果如下：

```
Processor 收到订阅请求
    onNext 收到发布者数据: 1
    onNext 收到发布者数据: 2
    onNext 收到发布者数据: 3
    onNext 收到发布者数据: 4
    处理器处理完毕
    onNext 从 Processor 接收到过滤后的数据 item : 2
    onNext 从 Processor 接收到过滤后的数据 item : 4
    onComplete 所有数据接收完成
```

12.2　Spring WebFlux 框架

Spring 5 于 2017 年 9 月发布了通用版本（GA）。从 Spring 5 开始，提供了全新的 Web 开发框架：以 Reactor 为基础的 WebFlux 框架。这预示着 Spring 开始全面拥抱 Reactive Programming。在此之前，Spring Web 开发主要是以 Spring MVC 为主，现在 Spring WebFlux 已经与 Spring MVC 具有同等的地位。

12.2.1　Spring WebFlux 简介

Spring MVC 是为 Servlet API 和 Servlet 容器专门构建的。而 Spring WebFlux 是异步非阻塞的，支持在 Netty、Undertow 和 Servlet 3.1+容器之类的服务器上运行。Spring Boot 2 默认 WebFlux 是基于 Netty 实现的。

如图 12.3 所示，Spring WebFlux 与 Spring MVC 的 Web 注解是一致的，这样便减少了从 Spring MVC 迁移到 Spring WebFlux 的成本。WebFlux 框架开发的接口返回类型必须是 Mono<T>或者是 Flux<T>。

Flux 和 Mono 是 Reactor 框架中的两个基本概念，它们都实现了 org.reactivestreams. Publisher 接口，也就是说 Mono 与 Flux 都是发布者。Mono 代表 0～1 个元素的发布者，Flux 代表 0～N 个元素的发布者。

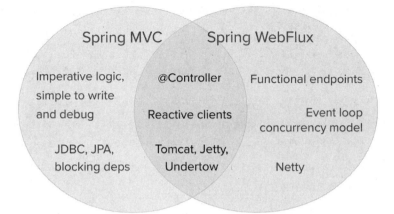

图 12.3 发布者/订阅者模型

12.2.2 Mono 类

上面提到 Mono 实现了 Publisher 接口，因此它也是一个发布者，只是发布 0~1 个元素。Mono 类中典型的创建数据流的方法如表 12.2 所示。

表 12.2 Mono类创建数据流的方法

静 态 方 法	说　　明
Mono.just()	指定序列对象
Mono.empty()	创建一个不包含任何元素而只发布结束消息的序列
Mono.never()	创建一个不包含任何消息的序列
Mono.fromCallable()	用Callable创建
Mono.fromSupplier()	用Supplier创建
Mono.fromFuture()	用CompletableFuture创建
Mono.create()	用MonoSink创建

下面是 Mono 创建数据流的几个示例：

```
//just()方法创建
Mono.just("hello mono").subscribe(System.out::println);
// justOrEmpty()方法创建
Mono.justOrEmpty(Optional.of("hello mono")).subscribe(System.out::
println);
Mono.justOrEmpty("hello mono").subscribe(System.out::println);
Mono.empty().subscribe(System.out::println);
Mono.error(new Throwable("error")).subscribe();
Mono.never().subscribe();
//fromCallable()方法创建
```

```
Mono.fromCallable(() -> "hello mono").subscribe(System.out::println);
//fromSupplier()方法创建
Mono.fromSupplier(() -> "hello mono").subscribe(System.out::println);
//fromFuture()方法创建
Mono.fromFuture(CompletableFuture.completedFuture("hello mno")).
subscribe(System.out::println);
//create()方法创建
Mono.create(sink->{
    sink.success("hello mono");
}).subscribe(System.out::println);
```

创建数据流之后，还可以在响应式流上通过声明的方式添加多种不同的操作函数。典型的操作函数如表 12.3 所示。

表 12.3　Mono 类的操作函数

操 作 函 数	说　明
filter()	对流中包含的元素进行过滤
zipWith()	把当前流中的元素与另外一个流中的元素按照一对一的方式进行合并
mergeWith()	合并数据流
flatMap()	把流中的每个元素转换成一个流

下面是 Mono 数据流操作函数的例子：

```
//filter()方法的使用
Mono.just(10).filter(i -> i%2 == 0).subscribe(System.out::println);
//zipWith()方法的使用
Mono.just("hello").zipWith(Mono.just("Mono")).subscribe(System.out::
println);
//mergeWith()方法的使用
Mono.just("hello").mergeWith(Mono.just("Mono")).subscribe(System.out::
println);
//flatMap()方法的使用
Mono.just("hello").flatMap(x -> Mono.just(x + " flux")).subscribe
(System.out::println);
```

12.2.3　Flux 类

Flux 与 Mono 的不同之处在于，作为发布者，Flux 可以发布 0～N 个元素。Flux 类创建数据流的方法如表 12.4 所示。

表 12.4　Flux 创建数据流的方法

静 态 方 法	说　明
Flux.just()	从指定序列中创建
Flux.fromArray()	从数组中创建
Flux.range()	创建从start开始的count个数量的Integer对象的序列

（续）

静 态 方 法	说　　明
Flux.create()	使用FluxSink创建
Flux.generate()	同步创建

下面是创建 Flux 的几个例子：

```
// just()方法创建
Flux.just("hello","flux").subscribe(System.out::println);
// fromArray()方法创建
Flux.fromArray(new String[] {"hello","flux"}).subscribe(System.out::
println);
//range()方法创建
Flux.range(1, 5).subscribe(System.out::println);
// create()方法创建
Flux.create(sink -> {
    for (int i = 0; i < 10; i++) {
        sink.next(i);
    }
    sink.complete();
}).subscribe(System.out::println);
//generate()方法创建
Flux.generate(sink -> {
    sink.next("hello");
    sink.complete();
}).subscribe(System.out::println);
```

Flux 在响应式流上的操作函数与 Mono 类似，如表 12.5 所示。

表 12.5　Flux操作函数

操 作 函 数	说　　明
filter()	对流中包含的元素进行过滤
zipWith()	把当前流中的元素与另外一个流中的元素按照一对一的方式进行合并
reduce()	对流中包含的所有元素进行累积操作
merge()	把多个流合并成一个Flux序列
flatMap()	把流中的每个元素转换成一个流

下面是 Flux 操作函数的示例：

```
//使用 filter()方法
Flux.range(1, 10).filter(i -> i%2 == 0).subscribe(System.out::println);
//使用 zipWith()方法
Flux.just("hello").zipWith(Flux.just("flux")).subscribe(System.out::
println);
// 使用 reduce()方法
Flux.range(1, 10).reduce((x,y) -> x + y).subscribe(System.out::println);
// 使用 merge()方法
Flux.merge(Flux.just("hello"),Flux.just("flux")).subscribe(System.
```

```
out::println);
// 使用 flatMap()方法
Flux.just("hello").flatMap(x -> Flux.just(x + " flux")).subscribe
(System.out::println);
```

12.2.4　Spring WebFlux 示例

学习了 Mono 与 Flux 类之后，基本上就能了解 WebFlux 开发的原理。相对于 Spring MVC 来说，WebFlux 接口返回的只能是 Mono 或 Flux 类。下面给出两个接口的参考示例：

```
@RestController
@RequestMapping("/webFlux")
public class WebFluxApi {
    @GetMapping("/mono")
    public Mono<JSONObject> mono(){
        JSONObject jsonObject = new JSONObject();
        jsonObject.put("code", "0");
        jsonObject.put("message", "hello mono!");
        return Mono.just(jsonObject);          //创建 Mono 对象
    }
    @GetMapping("/flux")
    public Flux<JSONObject> flux(){
        JSONObject jsonObject = new JSONObject();
        jsonObject.put("code", "0");
        jsonObject.put("message", "hello flux!");
        return Flux.just(jsonObject);          //创建 Mono 对象
    }
}
```

在本地启动应用之后，分别访问 http://localhost/webFlux/mono 接口，返回结果如下：

```
{
    code: "0",
    message: "hello mono!"
}
```

访问 http://localhost/webFlux/flux 接口，返回结果如下：

```
[
    {
        code: "0",
        message: "hello flux!"
    }
]
```

12.3　Spring WebFlux 实战

在第 11 章中通过一个促销活动的例子展示了 Spring Boot 的微服务开发过程。本节将采用 Spring WebFlux 框架重新改造一下促销活动的微服务项目。

在第 11 章中，microservice-promotion 项目是基于 Spring Boot 开发的，这里将使用 Spring WebFlux 框架进行项目改造，并进行完整的代码展示。

（1）在 pom.xml 文件中添加相关依赖，引入 spring-boot-starter-data-redis-reactive 包，具体依赖如下：

```xml
<?xml version="1.0" encoding="UTF-8"?>
<project xmlns="http://maven.apache.org/POM/4.0.0" xmlns:xsi="http://
www.w3.org/2001/XMLSchema-instance"
    xsi:schemaLocation="http://maven.apache.org/POM/4.0.0 https://
maven.apache.org/xsd/maven-4.0.0.xsd">
    <modelVersion>4.0.0</modelVersion>
    <parent>
        <groupId>org.springframework.boot</groupId>
        <artifactId>spring-boot-starter-parent</artifactId>
        <version>2.3.9.RELEASE</version>
        <relativePath/> <!-- lookup parent from repository -->
    </parent>
    <groupId>com.example.microservice.promotion</groupId>
    <artifactId>microservice-promotion</artifactId>
    <version>0.0.1-SNAPSHOT</version>
    <name>microservice-promotion</name>
    <description>microservice-promotion project for Spring Boot
</description>
    <properties>
        <java.version>1.8</java.version>
    </properties>
    <dependencies>
        <dependency>
            <groupId>org.springframework.boot</groupId>
            <artifactId>spring-boot-starter-data-redis-reactive
</artifactId>
        </dependency>
        <dependency>
            <groupId>org.springframework.boot</groupId>
            <artifactId>spring-boot-starter-web</artifactId>
        </dependency>

        <dependency>
            <groupId>org.projectlombok</groupId>
            <artifactId>lombok</artifactId>
            <optional>true</optional>
        </dependency>
        <dependency>
```

```xml
            <groupId>org.springframework.boot</groupId>
            <artifactId>spring-boot-starter-test</artifactId>
            <scope>test</scope>
            <exclusions>
                <exclusion>
                    <groupId>org.junit.vintage</groupId>
                    <artifactId>junit-vintage-engine</artifactId>
                </exclusion>
            </exclusions>
        </dependency>
        <dependency>
            <groupId>org.springframework.boot</groupId>
            <artifactId>spring-boot-starter-actuator</artifactId>
        </dependency>
        <dependency>
            <groupId>org.springframework.boot</groupId>
            <artifactId>spring-boot-starter-log4j2</artifactId>
        </dependency>
        <dependency>
            <groupId>com.alibaba.cloud</groupId>
            <artifactId>spring-cloud-alibaba-dependencies</artifactId>
            <version>2.2.5.RELEASE</version>
            <type>pom</type>
            <scope>import</scope>
        </dependency>
        <dependency>
            <groupId>com.alibaba.cloud</groupId>
            <artifactId>spring-cloud-starter-alibaba-nacos-config
</artifactId>
            <version>2.2.5.RELEASE</version>
        </dependency>
        <dependency>
            <groupId>com.alibaba.cloud</groupId>
            <artifactId>spring-cloud-starter-alibaba-nacos-discovery
</artifactId>
            <version>2.2.5.RELEASE</version>
        </dependency>
        <dependency>
            <groupId>com.alibaba.cloud</groupId>
            <artifactId>spring-cloud-starter-alibaba-sentinel
</artifactId>
            <version>2.2.5.RELEASE</version>
        </dependency>
        <dependency>
            <groupId>cn.hutool</groupId>
            <artifactId>hutool-all</artifactId>
            <version>5.2.3</version>
        </dependency>
        <dependency>
            <groupId>org.apache.commons</groupId>
            <artifactId>commons-pool2</artifactId>
        </dependency>
        <dependency>
            <groupId>org.apache.commons</groupId>
            <artifactId>commons-lang3</artifactId>
```

```xml
                </dependency>
        </dependencies>

    <build>
        <plugins>
            <plugin>
                <groupId>org.springframework.boot</groupId>
                <artifactId>spring-boot-maven-plugin</artifactId>
                <configuration>
                    <excludes>
                        <exclude>
                            <groupId>org.projectlombok</groupId>
                            <artifactId>lombok</artifactId>
                        </exclude>
                    </excludes>
                </configuration>
            </plugin>
        </plugins>
    </build>

</project>
```

（2）修改 application.xml 配置文件，在其中配置数据库连接方式，代码如下：

```yaml
server:
  port: 8081

spring:
  application:
    name: microservice-promotion
```

（3）由于集成了 Nacos 和 Sentinel 中间件，因此需要修改 bootstrap.xml 配置文件，代码如下：

```yaml
spring:
  cloud:
    nacos:
      discovery:
        server-addr: 127.0.0.1:8848
        ip: 127.0.0.1
        port: 80
        namespace: 40421527-56ff-410b-8ca8-e025aca9e946
        group: default
      config:
        server-addr: 127.0.0.1:8848
        file-extension: properties
        namespace: 40421527-56ff-410b-8ca8-e025aca9e946
        group: default
    sentinel:
      enabled: true
      transport:
        dashboard: 127.0.0.1:8888
        clientIp: 127.0.0.1
        port: 8719
      log:
        dir: /log/sentinel
```

```
      filter:
        enabled: false

management:
  endpoint:
    metrics:
      enabled: true
    prometheus:
      enabled: true
  endpoints:
    web:
      base-path: /
      exposure:
        include: health,info,status,prometheus
  metrics:
    export:
      prometheus:
        enabled: true
    tags:
      application: ${spring.application.name}
    web:
      server:
        request:
          autotime:
            enabled: true
            percentiles-histogram: on
            percentiles:
              - 0.9
              - 0.99
      client:
        request:
          autotime:
            enabled: true
            percentiles-histogram: on
            percentiles:
              - 0.9
              - 0.99
```

（4）本例使用 log4j2 日志架构，配置如下：

```
<?xml version="1.0" encoding="UTF-8"?>
<Configuration status="WARN">
    <properties>
        <property name="LOG_HOME">/log</property>
    </properties>
    <Appenders>
        <Console name="CONSOLE" target="SYSTEM_OUT" >
            <PatternLayout pattern="%d{yyyy-MM-dd HH:mm:ss.SSS} %-5p
[%t] %c{1.} %msg%n"/>
        </Console>
        <RollingRandomAccessFile name="INFO_FILE" fileName=
"${LOG_HOME}/info.log"
                                 filePattern="${LOG_HOME}/info-%d{HH}-
%i.log" immediateFlush="true">
            <PatternLayout pattern="%d{yyyy-MM-dd HH:mm:ss.SSS}
[%traceId] %-5p %c{1.} %msg%n"/>
```

```
            <Policies>
                <TimeBasedTriggeringPolicy />
            </Policies>
            <DefaultRolloverStrategy max="1"/>
            <Filters>
                <ThresholdFilter level="error" onMatch="ACCEPT"
onMismatch="NEUTRAL"/>
                <ThresholdFilter level="info" onMatch="ACCEPT"
onMismatch="DENY"/>
            </Filters>
        </RollingRandomAccessFile>
    </Appenders>
    <Loggers>
        <Root level="info">
            <AppenderRef ref="CONSOLE" />
            <AppenderRef ref="INFO_FILE" />
        </Root>
    </Loggers>
</Configuration>
```

（5）将 Redis 配置信息集成到 Nacos 上，具体的 Redis 信息如下：

```
redis.promotion.host=127.0.0.1
redis.promotion.port=6379
redis.promotion.password=test
redis.promotion.maxTotal=2000
redis.promotion.maxIdle=100
redis.promotion.minIdle=40
redis.promotion.maxWaitMillis=3000
redis.promotion.timeBetweenEvictionRunsMillis=30000
redis.promotion.commandTimeout=3000
```

（6）Redis 自动配置如下：

新建 RedisProperties.class 文件，代码如下：

```
package com.example.promotion.config;

import lombok.Data;
import org.springframework.boot.context.properties.Configuration
Properties;

@Data
@ConfigurationProperties(prefix = "redis")
public class RedisProperties {

    private RedisInfo promotion;

    @Data
    public static class RedisInfo{
        protected int maxTotal = 2000;              //最大连接数
        protected int maxIdle = 100;                //最大空闲数
        protected int minIdle = 40;                 //最小空闲数
        protected int maxWaitMillis = 3000;         //最长等待时间
        //空闲回收休眠时间
        protected int timeBetweenEvictionRunsMillis = 30000;
```

```
        protected int commandTimeout = 3000;        //命令执行超时时间
        private String host;                         //Redis 地址
        private int port;                            //Redis 端口
        private String password;                     //Redis 密码
    }

}
```

新建 RedisAutoConfiguration.class 文件，代码如下：

```
package com.example.promotion.config;

import java.time.Duration;

import org.apache.commons.pool2.impl.GenericObjectPoolConfig;
import org.springframework.boot.autoconfigure.condition.Conditional
OnClass;
import org.springframework.boot.autoconfigure.condition.Conditional
OnProperty;
import org.springframework.boot.context.properties.EnableConfiguration
Properties;
import org.springframework.cloud.context.config.annotation.Refresh
Scope;
import org.springframework.context.annotation.Bean;
import org.springframework.context.annotation.Configuration;
import org.springframework.data.redis.connection.RedisStandalone
Configuration;
import org.springframework.data.redis.connection.lettuce.Lettuce
ClientConfiguration;
import org.springframework.data.redis.connection.lettuce.Lettuce
ConnectionFactory;
import org.springframework.data.redis.connection.lettuce.Lettuce
PoolingClientConfiguration;
import org.springframework.data.redis.core. ReactiveStringRedis
Template;

@ConditionalOnClass(LettuceConnectionFactory.class)
@Configuration
@EnableConfigurationProperties(RedisProperties.class)
@ConditionalOnProperty("redis.promotion.host")
public class RedisAutoConfiguration {

    @Bean
    @RefreshScope
    public GenericObjectPoolConfig genericObjectPoolConfig(Redis
Properties properties) {
        //通用线程池配置
        GenericObjectPoolConfig genericObjectPoolConfig = new Generic
ObjectPoolConfig();
        //设置最大连接数
        genericObjectPoolConfig.setMaxTotal(properties.getPromotion().
getMaxTotal());
        //设置最大空闲数
        genericObjectPoolConfig.setMaxIdle(properties.getPromotion().
getMaxIdle());
```

```
        //设置最小空闲数
        genericObjectPoolConfig.setMinIdle(properties.getPromotion().
getMinIdle());
        //设置最长等待时间
        genericObjectPoolConfig.setMaxWaitMillis(properties.get
Promotion().getMaxWaitMillis());
        //从连接池取出连接时检查有效性
        genericObjectPoolConfig.setTestOnBorrow(true);
        //连接返回时检查有效性
        genericObjectPoolConfig.setTestOnReturn(true);
        //空闲时检查有效性
        genericObjectPoolConfig.setTestWhileIdle(true);
        //空闲回收休眠时间
        genericObjectPoolConfig.setTimeBetweenEvictionRunsMillis
(properties.getPromotion().getTimeBetweenEvictionRunsMillis());
        return genericObjectPoolConfig;
    }

    @Bean
    @RefreshScope
    public LettuceClientConfiguration lettuceClientConfiguration
(RedisProperties properties, GenericObjectPoolConfig genericObject
PoolConfig) {
        //Lettuce 客户端配置
        LettucePoolingClientConfiguration build = LettucePooling
ClientConfiguration.builder()
                .commandTimeout(Duration.ofMillis(properties.get
Promotion().getCommandTimeout()))
                .shutdownTimeout(Duration.ZERO)
                .poolConfig(genericObjectPoolConfig)
                .build();
        return build;
    }

    @Bean
    @RefreshScope
    public LettuceConnectionFactory lettuceConnectionFactory
(RedisProperties properties,

LettuceClientConfiguration lettuceClientConfiguration) {
        //Redis 配置
        RedisStandaloneConfiguration redisConfiguration = new
RedisStandaloneConfiguration(properties.getPromotion().getHost(),
properties.getPromotion().getPort());
        redisConfiguration.setPassword(properties.getPromotion().
getPassword());
        //Lettuce 连接工厂
        LettuceConnectionFactory lettuceConnectionFactory = new
LettuceConnectionFactory(redisConfiguration, lettuceClientConfiguration);
        return lettuceConnectionFactory;
    }

    @Bean(name = "redisTemplate")
    public ReactiveStringRedisTemplate reactiveStringRedisTemplate
```

```
(LettuceConnectionFactory lettuceConnectionFactory) {
        //StringRedisTemplate 声明
        return new ReactiveStringRedisTemplate(lettuceConnection
Factory, RedisSerializationContext.string());
    }
}
```

（7）新建 Sentinel 切面配置，代码如下：

```
package com.example.promotion.config;

import com.alibaba.csp.sentinel.annotation.aspectj.SentinelResource
Aspect;
import org.springframework.context.annotation.Bean;
import org.springframework.context.annotation.Configuration;

@Configuration
public class SentinelConfig {
    @Bean
    public SentinelResourceAspect sentinelResourceAspect() {
        //Sentinel 切面声明
        return new SentinelResourceAspect();
    }
}
```

（8）新建 Model 层对象 PromotionEntity，代码如下：

```
package com.example.microservice.promotion.model;

import java.io.Serializable;
import lombok.Data;

@Data
public class PromotionEntity implements Serializable {

    private static final long serialVersionUID = 1L;
    //促销活动 id
    private Integer id;
    //促销活动名称
    private String name;
    //促销活动开始时间
    private Integer beginTime;
    //促销活动结束时间
    private Integer endTime;
    //活动奖品
    private String prize;
}
```

（9）接口返回通用状态码及 Redis 主键操作 key 声明。新增 Constant.class 文件，代码如下：

```
package com.example.promotion.constants;

public class Constant {
    //接口成功返回状态码
```

```
    public static final String SUCCESS_CODE = "S00000";
    //接口失败返回状态码
    public static final String ERROR_CODE = "F00001";
    //接口成功返回信息
    public static final String SUCCESS_MSG = "success";
    //促销活动 Redis 存储结构 key
    public static final String REDIS_PROMOTION_KEY = "promotion:{0}";
    //活动奖品领取记录
    public static final String REDIS_PRIZE_KEY = "promotion:{0}:{1}";
}
```

（10）PromotionPushController 接口代码如下：

```
package com.example.microservice.promotion.controller;

import org.springframework.beans.factory.annotation.Autowired;
import org.springframework.http.ResponseEntity;
import org.springframework.web.bind.annotation.GetMapping;
import org.springframework.web.bind.annotation.RequestMapping;
import org.springframework.web.bind.annotation.ResponseBody;
import org.springframework.web.bind.annotation.RestController;

import com.alibaba.csp.sentinel.EntryType;
import com.alibaba.csp.sentinel.annotation.SentinelResource;
import com.example.microservice.promotion.constants.Constant;
import com.example.microservice.promotion.service.BlockHandlerService;
import com.example.microservice.promotion.service.FallBackService;
import com.example.microservice.promotion.service.PromotionPushService;

import cn.hutool.json.JSONObject;
import lombok.extern.slf4j.Slf4j;
import reactor.core.publisher.Mono;

@Slf4j
@RestController
@RequestMapping("/api")
public class PromotionPushController {

    @Autowired
    private PromotionPushService promotionPushService;

    //促销活动投放接口，/api/pushPromotion?id=xx
    @GetMapping("pushPromotion")
    @ResponseBody
    @SentinelResource(value = "pushPromotion", entryType = EntryType.IN,
blockHandler = "promotionPushBlockHandle", blockHandlerClass =
{BlockHandlerService.class}, defaultFallback = "fallback", fallback
Class = {FallBackService.class})
    public Mono<ResponseEntity<JSONObject>> pushPromotion(Integer id) {
        Mono<ResponseEntity<JSONObject>> mono = Mono.empty();
        try {
            //调用促销活动投放服务方法
            return promotionPushService.pushPromotion(id);
        } catch (Exception e) {
            //记录错误日志
```

```
                log.error("push promotion error!");
                JSONObject jsonObject = new JSONObject();
                 jsonObject.put("code", Constant.ERROR_CODE);
                 jsonObject.put("msg", "push promotion error!");
                 return Mono.just(ResponseEntity.ok(jsonObject));
            }
        }

    //领取奖品接口, /api/ getPrize?id=xx&device=xx
    @GetMapping("getPrize")
    @ResponseBody
    @SentinelResource(value = "getPrize", entryType = EntryType.IN,
blockHandler = "prizeBlockHandle", blockHandlerClass = {BlockHandler
Service.class}, defaultFallback = "fallback", fallbackClass =
{FallBackService.class})
    public Mono<ResponseEntity<JSONObject>> getPrize(Integer id,
String device) {
        try {
            //调用领取奖品服务方法
            return promotionPushService.getPrize(id, device);
        } catch (Exception e) {
            //记录错误日志
            log.error("get prize error!");
            JSONObject jsonObject = new JSONObject();
             jsonObject.put("code", Constant.ERROR_CODE);
             jsonObject.put("msg", "get prize error!");
             return Mono.just(ResponseEntity.ok(jsonObject));
        }
    }
}
```

（11）PromotionPushService 代码如下：

```
package com.example.microservice.promotion.service;

import java.text.MessageFormat;
import java.time.Duration;
import java.util.HashMap;
import java.util.Map;
import java.util.Map.Entry;

import org.apache.commons.collections.MapUtils;
import org.apache.commons.lang.StringUtils;
import org.springframework.beans.factory.annotation.Autowired;
import org.springframework.data.redis.core.ReactiveHashOperations;
import org.springframework.data.redis.core.ReactiveStringRedisTemplate;
import org.springframework.http.ResponseEntity;
import org.springframework.stereotype.Service;
import com.example.microservice.promotion.constants.Constant;
import com.example.microservice.promotion.model.PromotionEntity;

import cn.hutool.json.JSONObject;
import lombok.extern.slf4j.Slf4j;
import reactor.core.publisher.Flux;
import reactor.core.publisher.Mono;
```

```java
@Service
@Slf4j
public class PromotionPushService {

    @Autowired
    private ReactiveStringRedisTemplate reactiveStringRedisTemplate;

    //促销活动投放方法
    public Mono<ResponseEntity<JSONObject>> pushPromotion(Integer id) {
        //组装促销活动 Redis key
        String key = MessageFormat.format(Constant.REDIS_PROMOTION_
KEY, String.valueOf(id));
        //采用 ReactiveStringRedisTemplate 查询促销活动信息
        ReactiveHashOperations<String, String, String> reactiveHash
Operations = reactiveStringRedisTemplate.opsForHash();
        Flux<Entry<String, String>> flux = reactiveHashOperations.
entries(key);
        Map<String, String> map = new HashMap<>();
        flux.subscribe(entry -> {
            String k = entry.getKey();
            String value = entry.getValue();
            map.put(k, value);
        });
        flux.blockLast(Duration.ofMillis(1000)); //先查询，最多阻塞 1s
        if (MapUtils.isNotEmpty(map)) {
            String name = (String) map.get("name");
            String prize = (String) map.get("prize");
            Integer beginTime = Integer.valueOf((String) map.get
("beginTime"));
            Integer endTime = Integer.valueOf((String) map.get
("endTime"));
            Integer currentTime = (int) (System.currentTimeMillis()/
1000);
            //判断促销活动投放条件，如果在促销活动时间内，则投放
            if (currentTime >= beginTime && currentTime <= endTime) {
                //组装 PromotionEntity 对象
                PromotionEntity promotionEntity = new PromotionEntity();
                promotionEntity.setBeginTime(beginTime);
                promotionEntity.setEndTime(endTime);
                promotionEntity.setId(id);
                promotionEntity.setName(name);
                promotionEntity.setPrize(prize);
                log.info("push promotion success");
                JSONObject jsonObject = new JSONObject(promotionEntity);
                return Mono.just(ResponseEntity.ok(jsonObject));
            }
        }
        JSONObject jsonObject = new JSONObject();
        jsonObject.put("code", Constant.ERROR_CODE);
        jsonObject.put("msg", "push promotion error!");
        return Mono.just(ResponseEntity.ok(jsonObject));
    }
```

```
    //领取奖品的方法
    public Mono<ResponseEntity<JSONObject>> getPrize(Integer id,
String device) {
        //组装领取奖品记录 Redis key
        String key = MessageFormat.format(Constant.REDIS_PRIZE_KEY,
String.valueOf(id), device);
        //查询领取奖品记录
        Mono<String> mono = reactiveStringRedisTemplate.opsForValue().
get(key);
        String value = mono.block(Duration.ofMillis(1000));
        //领取奖品判断条件，如果领取过，则不再发放
        if (StringUtils.isEmpty(value)) {
            String promotionKey = MessageFormat.format(Constant.REDIS_
PROMOTION_KEY, String.valueOf(id));
            ReactiveHashOperations<String, String, String> reactive
HashOperations = reactiveStringRedisTemplate.opsForHash();
            Flux<Entry<String, String>> flux = reactiveHashOperations.
entries(promotionKey);
            Map<String, String> map = new HashMap<>();
            flux.subscribe(entry -> {
                String k = entry.getKey();
                String v = entry.getValue();
                if (StringUtils.equals("prize", k)) {
                  map.put(k, v);
                  }
            });
            //先查询，最多阻塞1s
            flux.blockLast(Duration.ofMillis(1000));
            if (MapUtils.isNotEmpty(map)) {
            String prize = map.get("prize");
            log.info("get prize success");
            JSONObject jsonObject = new JSONObject();
                jsonObject.put("奖品", prize);
                return Mono.just(ResponseEntity.ok(jsonObject));
            }
        }

        JSONObject jsonObject = new JSONObject();
        jsonObject.put("code", Constant.ERROR_CODE);
        jsonObject.put("msg", "prize is exist!");
        return Mono.just(ResponseEntity.ok(jsonObject));
    }
}
```

（12）限流代码如下：

```
package com.example.microservice.promotion.service;

import org.springframework.http.ResponseEntity;
import com.example.microservice.promotion.constants.Constant;
import cn.hutool.json.JSONObject;
import reactor.core.publisher.Mono;

//限流通用类
public final class BlockHandlerService {
```

```
    public static Mono<ResponseEntity<JSONObject>> promotionPush
BlockHandle(Integer id) {
        JSONObject jsonObject = new JSONObject();
        jsonObject.put("code", Constant.ERROR_CODE);
        jsonObject.put("msg", "pushPromotion blcok!");
        return Mono.just(ResponseEntity.ok(jsonObject));
    }

    public static Mono<ResponseEntity<JSONObject>> prizeBlockHandle
(Integer id, String device) {
        JSONObject jsonObject = new JSONObject();
        jsonObject.put("code", Constant.ERROR_CODE);
        jsonObject.put("msg", "get prize blcok!");
        return Mono.just(ResponseEntity.ok(jsonObject));
    }
}
```

（13）降级代码如下：

```
package com.example.microservice.promotion.service;

import org.springframework.http.ResponseEntity;
import com.example.microservice.promotion.constants.Constant;
import cn.hutool.json.JSONObject;
import reactor.core.publisher.Mono;

//降级通用类
public final class FallBackService {
    public static Mono<ResponseEntity<JSONObject>> defaultFallBack
(Throwable ex){
        JSONObject jsonObject = new JSONObject();
        jsonObject.put("code", Constant.ERROR_CODE);
        jsonObject.put("msg", "pushPromotion fallback!");
        return Mono.just(ResponseEntity.ok(jsonObject));
    }
}
```

（14）MicroservicePromotionApplication 代码如下：

```
package com.example.microservice.promotion;

import org.springframework.boot.SpringApplication;
import org.springframework.boot.autoconfigure.SpringBootApplication;
import org.springframework.boot.autoconfigure.data.redis.RedisAuto
Configuration;
import org.springframework.boot.autoconfigure.data.redis.Redis
ReactiveAutoConfiguration;
import org.springframework.boot.autoconfigure.data.redis.Redis
RepositoriesAutoConfiguration;
import org.springframework.cloud.client.discovery.EnableDiscovery
Client;
import org.springframework.context.annotation.EnableAspectJAutoProxy;

@SpringBootApplication(exclude = {RedisAutoConfiguration.class, Redis
RepositoriesAutoConfiguration.class, RedisReactiveAutoConfiguration.
```

```
class})
@EnableAspectJAutoProxy                              //开启切面
@EnableDiscoveryClient                               //开启服务发现
public class MicroservicePromotionApplication {

    public static void main(String[] args) {
        SpringApplication.run(MicroservicePromotionApplication.class,
args);
    }

}
```

此时，启动 MicroservicePromotionApplication 主类即可访问促销活动接口 http://localhost:8081/api/pushPromotion?id=3，返回结果如下：

```
{
  id: 3,
  name: "会员促销活动",
  beginTime: 1614822680,
  endTime: 1617176808,
  prize: "3 天免费会员"
}
```

访问领取奖品接口 http://localhost/api/getPrize?id=3&device= 3af57d0545766ec9 40d2c32a6567cc06aed，返回结果如下：

```
{
奖品: "3 天免费会员"
}
```

12.4　总　　结

从 Spring 5 框架以后，Spring 官方推出了 Spring WebFlux 响应式编程框架，该框架提供了全新的接口开发方式。本章通过改造一个促销活动微服务框架，展示了 Spring WebFlux 开发中的细节，新入门的开发者可以亲自动手实践一下。